Vorwort

VIEL ZU OFT LASSEN SICH POTEN-
ZIELLE GRÜNDER VON DER IDEE,
IHRE EIGENE UNTERNEHMUNG ZU
STARTEN, ABBRINGEN. DIE GRÜNDE
HIERFÜR SIND ZAHLREICH: SIE
SCHEUEN DAS RISIKO, WISSEN
NICHT, OB IHRE IDEE »GUT GENUG«
IST, ODER GLAUBEN, »EINFACH
NICHT DER UNTERNEHMER-TYP« ZU
SEIN. DARÜBER
HINAUS BLICKEN

**Jeder hat das Zeug
zum Unternehmer!**

SIE MIT SCHRE-
CKEN AUF DAS VOR
IHNEN LIEGENDE PROJEKT, DAS SICH
WIE EIN GIGANTISCHER BERG AUS
BÜROKRATISCHEN UND FINANZIEL-
LEN HÜRDEN VOR IHNEN AUFTÜRMT.
DIE GRÖSSTE UND HÄUFIGSTE
ALLER ÄNGSTE JEDOCH IST DIE
ANGST ZU SCHEITERN. SIE IST
SCHULD AN DEN MEISTEN NIEMALS
VERWIRKLICHTEN TRÄUMEN.

DABEI SIND DIES ALLES ÄNGSTE, DIE SICH ÜBERWINDEN LASSEN. UND DER UNTERSCHIED ZWISCHEN ERFOLGREICHEN UNTERNEHMERN UND DENEN, DIE IHRE IDEEN NIEMALS IN DIE TAT UMSETZEN WERDEN, IST NICHT ETWA, DASS ERFOLGREICHE GRÜNDER DIESE ÄNGSTE NICHT KENNEN. DER UNTERSCHIED IST, DASS SIE EINEN SCHRITT MEHR GEWAGT HABEN – DEN EINEN SCHRITT, DER NOTWENDIG IST, UM DIESE BLOCKIERENDE MAUER ZU DURCHBRECHEN. DENN UNTERNEHMER SEIN HEISST NICHT, BEREITS ALLES ZU WISSEN UND VON ANFANG BIS ENDE »VOM ERFOLG VERWÖHNT« ZU SEIN.

UNTERNEHMER SEIN BEDEUTET, NACH SCHÖPFERISCHER FREIHEIT ZU SUCHEN, ALLEN WIDRIGEN UMSTÄNDEN ZUM TROTZ. WER DIESEN DRANG ZU HANDELN IN SICH TRÄGT, LEBT DEN UNTERNEHMERISCHEN GEIST.

WER SICH EINMAL DAZU DURCHGE-
RUNGEN HAT, ALLE ÄNGSTE HINTER
SICH ZU LASSEN, WIRD MIT EINEM
GEFÜHL DER FREUDE UND ZUFRIE-
DENHEIT BELOHNT, DAS SICH KAUM
IN WORTE FASSEN LÄSST. ALLES FÜR
DIESEN EINEN MOMENT, IN DEM DIR
ZUM ERSTEN MAL KLAR WIRD: »ICH
BIN UNTERNEHMER!« DIESE FREUDE
IST ANSTECKEND UND BEFLÜGELT IN
EINEM AUSMASS, DAS UNBESCHREIB-
LICH IST. DIESES GEFÜHL MÖCHTE
ICH TEILEN.

Inhalt

Go for it!

WAS GRÜNDEN BEDEUTET

EINLEITUNG

DIE WELT BRAUCHT UNTERNEHMER! ERST DURCH SIE WURDE UNSERE MODERNE ZIVILISATION MÖGLICH, SIE BRINGEN FARBE IN UNSEREN GRAUEN ALLTAG UND IHNEN HABEN WIR ES ZU VERDANKEN, DASS WIR SCHON HEUTE IN DER ZUKUNFT LEBEN.

MENSCHEN, DIE DAVON ÜBERZEUGT SIND, DASS IHRE IDEEN UNSERE WELT EIN STÜCK BESSER MACHEN KÖNNEN, DÜRFEN SICH NICHT DURCH IHRE ÄNGSTE UND SORGEN AUFHALTEN LASSEN. WER WEISS, WO WIR HEUTE BEREITS STÜNDEN, WÄREN NICHT SO VIELE GROSSARTIGE IDEEN MIT IHREN SCHÖPFERN BEGRABEN WORDEN.

Für wen ist dieses Buch gedacht? Nun, es ist nicht für jene, die das schnelle Geld suchen. Und auch nicht für die, die auf Ruhm oder ein unbeschwertes Leben aus sind. Das alles sind Motivationen, die nicht stark genug sind, um durch all die Herausforderungen des unternehmerischen Alltags zu tragen. Stattdessen ist dieses Buch für alle, die irgendwo tief in sich eine Unruhe fühlen. Für jene, die die Hoffnung haben, eines Tages die Ideen in ihrem Kopf Realität werden zu lassen. Dieses Buch ist für alle, die die Zügel selbst in die Hand nehmen und endlich frei gestalten wollen. Für die, die nicht mehr still sitzen können, weil sie endlich selbst etwas tun wollen.

Gründe fürs Gründen

Gründen war noch nie so »in« wie heute. Woran liegt das? Was sind die Gründe dafür, dass immer mehr kluge Köpfe ihre Jobs selbst schaffen wollen, anstatt bei großen multinationalen Konzernen anzuheuern? Was macht das Lebensmodell des Entrepreneurs so attraktiv?

Sind wir doch mal ehrlich: Unternehmer zu sein, ist unglaublich anstrengend. Die Chancen auf Erfolg liegen statistisch unter dem Erträglichen und auch bei einem guten Start wird das Unterfangen die erste Zeit eher weniger als mehr abwerfen. Hinzu kommen unzählige Stunden an Arbeit, die Unternehmer oft isoliert und fern ab von allem in das Projekt stecken. Die Zukunft ist nie abgesichert und Unternehmer sind in ihrem Berufsleben wie auch privat stets den Risiken der Märkte ausgesetzt.

Und dennoch ist der Traum, eines Tages beruflich auf eigenen Beinen zu stehen, der meist geträumte unter den Arbeitnehmern, Studenten und Auszubildenden unserer Zeit. Dies hat einen fundamentalen Grund, das eine große Versprechen, das die Selbstständigkeit bietet: Freiheit.

Unternehmertum heißt Freiheit.

Die Freiheit, seine eigenen Ideen Realität werden zu lassen und in einer Art schöpferisch tätig zu werden, wie es sonst nur Künstler können.

Der Traum des Gründens beinhaltet auch ein Wiedererlangen der Kontrolle über einen großen Teil des eigenen Lebens, verbringen wir doch fünf von sieben Tagen in der Woche mit Arbeit! Das ist unglaublich viel Zeit, die wir letztlich für andere »leben«. Diese Zeit wieder in sich selbst und die eigenen Ziele investieren zu können, ist mit einer der größten Antriebe für potenzielle Gründer.

◆ *Mehr über Katja und alle anderen Gründer gibt es auf S. 254!*

KATJA ANDES: ◆ »Mein Grund zu gründen war der Wunsch nach mehr Freiheit und Gestaltungsspielraum – ich wollte jeden Tag entscheiden, woran und wo ich arbeite. Außerdem wollte ich Projekte voranbringen, die mit meinen persönlichen Zielen im Einklang stehen. Für mich hat sich die Trennung von Arbeit und Privatem damit aufgehoben – und ich bin sehr glücklich darüber.«

Sicher bietet das Unternehmertum auch die Möglichkeit finanziell zu Höhenflügen anzusetzen, jedoch ist eine »simple finanzielle Unabhängigkeit« oft wichtiger für angehende Unternehmer als das große Geld.

Die wichtigste Komponente jedoch, die besonders junge Entrepreneure fasziniert, ist der Lifestyle des Unternehmers: die Idee, das berufliche Leben mit dem privaten verschmelzen zu lassen, sodass die Grenzen nicht mehr zu erkennen und auch nicht mehr relevant sind. Dieser Lifestyle verspricht, dass du als Entrepreneur selbst wählen kannst, mit wem du zusammenarbeitest, wann du arbeitest, wo und vor allem wie und woran du arbeitest.

Bevor wir uns in Spekulationen verlieren, warum andere den Schritt in die Unabhängigkeit wagen, möchte ich teilen, warum ich glaube, dass jeder zumindest einmal gegründet haben sollte.

MEINE PERSÖNLICHE UNTERNEHMERGESCHICHTE

Ich habe mein erstes Unternehmen mit zwölf Jahren gegründet: Big Mag, eine Schülerzeitung an meiner damaligen Schule. Für mein erstes Unterfangen lief Big Mag eigentlich gar nicht schlecht: Wir hatten fünf Schüler-Redakteure, die alle unbezahlt für das Magazin arbeiteten (ein Traum für jeden Arbeitgeber), nutzten kostenfrei die Computer unserer Schule, finanzierten den Druck durch lokale Anzeigen der Bäckerei um die Ecke und verkauften die Zeitung einmal im Monat in der großen Pause. Nach weniger als zehn Ausgaben wurde diese jedoch wieder eingestellt und alles in allem blieb ein Profit von 8,54 Euro übrig – dies sollte für lange Zeit der finanzielle Rekord meiner unternehmerischen Tätigkeiten bleiben.

Die Idee, eines Tages »mein eigenes Ding« machen zu können, ließ mich seit dieser Zeit jedoch nicht mehr los – hauptsächlich weil ich es mir nicht vorstellen konnte, einmal für jemand anderen arbeiten zu müssen. Tatsächlich hat sich an dieser Motivation bis heute kaum etwas geändert.

The Imagers

So gründete ich mein zweites Unternehmen mit 17, zusammen mit meinem besten Freund Malte. Wir waren der Meinung, dass unzählige Menschen in unserem Umfeld nicht wussten, wie sie sich zu verkaufen hatten, und daher Hilfe mit ihrem »Image« benötigten. So beschlossen wir (damals selbst zwei vollkommen schräge Vögel) The Imagers zu gründen.

Wir bezahlten einen technisch versierten Schulfreund mit Pizza, damit er unsere »Firmenhomepage« aufsetzte, und druckten bereits Visitenkarten, auf deren Rückseite ein Zitat aus Goethes *Faust I* zu lesen war: »Ein Mann, der recht zu wirken denkt, muss auf das beste Werkzeug halten.« Siegessicher zogen wir los und verteilten unsere Visitenkarten unter Passanten mit den Worten: »Für Sie! Das können Sie gebrauchen.« Ich muss wohl nicht erklären, warum wir dieses Unterfangen nach kürzester Zeit wieder aufgaben.

Student Sponsoring

Das dritte Unternehmen, Student Sponsoring, gründete ich dann in meinem ersten Semester an der Universität Mannheim. Meine Idee war, mit möglichst wenig Aufwand möglichst viel Umsatz zu machen: So kam ich auf den Gedanken, Werbeshirts für Unternehmen anfertigen zu lassen und diese an Studenten zu vermitteln, die die Shirts wiederum in ihrer Zeit an der Universität tragen sollten. Ein persönliches Werbestatement, das in den überfüllten Hörsälen deutscher Universitäten entsprechendes Publikum finden sollte. An einen Satz auf der Homepage kann ich mich noch erinnern, der da lautete: »Somit wird jeder Gang zur Toilette ein Werbespot für Ihr Unternehmen!«

Die Firmen sollten Studenten mit 400 Euro im Monat unterstützen und diese wiederum verpflichteten sich dazu, das T-Shirt an zwei von fünf Tagen zu tragen. Ich bot die Plattform und vermittelte zwischen beiden Parteien, wobei ich einen Prozentsatz des »Honorars« einbehielt. Nachdem ich die Homepage aufgesetzt hatte, schrieb ich große Unternehmen mit Niederlassungen rund um Mannheim an und verteilte Aushänge in der Mensa.

Die Resonanz war vernichtend. Obwohl das Konzept einige Jahre später von anderen aufgegriffen wurde und auch schon bei mir theoretisch hätte funktionieren können, hatte **All Business** ich doch einen entscheidenden Fehler gemacht: Ich **is local!** hatte das generelle Konzept vor Augen und vergaß die spezifischen Umstände. Ich vergaß einen der wichtigsten Regeln, wenn es um erfolgreiches Wirtschaften geht: »All Business is local!« Diese Regel werde ich später noch weiter ausführen.

Der erste Erfolg in einer NGO

Die Wende für mein unternehmerisches Handeln kam, als ich mich dazu entschloss, einer internationalen und gemeinnützigen Organisation beizutreten. Meine ursprüngliche Motivation ergab sich aus meiner Frustration über die scheinbar bedeutungslosen Inhalte meines Studiums und das ewige Kapital-Karriere-Gequatsche vieler meiner Kommilitonen.

Unter all dem schizophrenen Getue zwischen Panik und Prahlerei hörte ich von einer Gruppe junger Studenten, die ganz nebenbei einem kleinen Café, das in Notlage geraten war, wieder auf die Beine geholfen hatte. Das Café wurde von einer gemeinnützigen Einrichtung zur Befähigung junger Schulabbrecher für den Arbeitsmarkt betrieben. Diese Studenten nutzten ihr wirtschaftliches Fachwissen also dazu, etwas wirklich Gutes zu tun - das erweckte mein Interesse.

GRÜN DEN

ist auch im Kleinen

MÄCH TIG

Der Deal zum Eintritt in die NGO: Du bekommst Zugang zu einem großen, internationalen Netzwerk und erhältst die Möglichkeit zum Austausch mit vielen interessanten Menschen, die neben ihrem Studium serienmäßig Social Start-ups gründen. Alles, was du dafür tun musst, ist, selbst als Social Entrepreneur tätig zu werden. Das hörte sich für mich nach einem richtig guten Deal an!

Endlich! Die Rhein-Neckar-Kiste

Innerhalb von drei Wochen gründete ich mit einem Team von zwei Kommilitonen die Rhein-Neckar-Kiste, und drei Monate später hielten wir schon die erste fertige Kiste in unseren Händen.

Die Idee war simpel: Die Region rund um Heidelberg und Mannheim ist ein großer Anziehungspunkt für Touristen aus aller Welt. Zusätzlich kommen unzählige junge Menschen aus ganz Deutschland sowie dem Ausland zum Studieren in die Region. Nun gab es zwar einzelne Produkte, die sich als Mitbringsel eigneten, aber nichts Gemeinschaftliches, das die Einzigartigkeit der Region repräsentierte. Also kam ich auf die Idee, eine kleine Sammlung regionalspezifischer Produkte in einer hochwertigen Holzverpackung zu konfektionieren und diese zu einem Preis anzubieten, der unter der Korruptionsgrenze ◆ für Unternehmen liegen würde. So konnten auch Universitäten und Firmen aus der Region die Kiste verschenken. Obendrein fanden wir ein regionales Holzverarbeitungsprojekt, das von Menschen mit Behinderung betrieben wird. Es eignete sich perfekt als Träger und letztlich Profiteur unseres Projekts.

◆ *Korruptionsgrenze – Es gibt rechtliche und ethische Grenzen, bis zu welchem Geldwert Unternehmen und Unternehmer Geschenke annehmen dürfen.*

Heute kann die Kiste in ausgewählten Läden Mannheims gekauft werden. Und wenn sie mal wieder ausverkauft ist (was häufig vorkommt), kann sie im Onlineshop unter www.rhein-neckar-kiste.de bestellt werden. Darüber hinaus fand die Idee bereits Nachahmer in zwei weiteren deutschen Regionen, und wir hatten die Ehre, sie bei einem Wettbewerb in Los Angeles einem internationalen Publikum vorzustellen.

Im Anschluss war ich noch einige Jahre für das Netzwerk tätig. Ich leitete zeitweise das Mannheimer Team mit seinen damals 175 Mitgliedern und saß letztlich im Vorstand der nationalen Dachorganisation – zusammen mit Senior-Managern einiger der größten deutschen Unternehmen. In dieser Zeit hatte ich die Möglichkeit, zahlreiche Start-ups zu begleiten, konnte mein Wissen vertiefen und meine Kontakte zu anderen Entrepreneuren ausbauen.

Mannheim Business Consulting

Da ich durch die Rhein-Neckar-Kiste zwar unglaublich viel lernen, jedoch kein Einkommen generieren konnte, war ich einige Jahre als Ghostwriter für verschiedene Unternehmen tätig, bis ich letztlich, zusammen mit Josua Bayerlein, die Mannheim Business Consulting gründete. Die MBC ist eine Unternehmensberatung, die sich auf die Themen Generation Y, High Potentials und Corporate Culture spezialisiert, und die ich neben meinem Blog »Generation That's Y!« und meiner Tätigkeit als Speaker aufbaue.

Wenn die eigene Idee Realität wird, sind alle Strapazen vergessen.

Für mich bleibt nach all der Zeit und den vielen Projekten stets ein ganz besonderer Moment als der bewegendste in Erinnerung: der Moment, in dem ich die erste fertiggestellte Kiste in Händen hielt. Damit war meine Idee, die sich wenige Wochen zuvor nur vage in meinem Kopf gebildet hatte, Realität geworden. Dieses Gefühl lässt alle Strapazen und Bemühungen in Vergessenheit geraten – es ist der Grund, warum gründen süchtig macht. Für mich ist dieses Gefühl eines der wertvollsten Geschenke, die das Unternehmertum bietet.

Abgesehen von der emotionalen Bereicherung gibt es für mich zwei Gründe, warum sich jeder als Gründer versuchen sollte:

1 der Lerneffekt zum erfolgsorientierten Pragmatismus, der sich auf jeden Bereich des Lebens übertragen lässt und

2 die soziale Notwendigkeit – wir brauchen mehr Gründer in Deutschland, und zwar heute!

Unternehmer sein

Wer sollte eigentlich gründen? Wer hat das Zeug zum Gründer? Meine Antwort ist klar: jeder!
Es lohnt sich für jede Person – unabhängig von den »typischen Gründereigenschaften« –, unternehmerische Erfahrungen zu sammeln. Dennoch möchte ich dir diese »typischen« Eigenschaften nicht vorenthalten. Denn es gibt gewisse Charakterzüge, die viele Entrepreneure teilen und die es einfacher machen, ein Leben in der Selbstständigkeit zu führen.

Die meisten Menschen, die ein Unternehmen gründen, schrecken nicht davor zurück, gewisse Risiken einzugehen. Rhein theoretisch ist dies sinnvoll, denn das Unternehmertum ist stets mit verschiedensten Risiken verbunden – nicht zuletzt mit dem systematischen Risiko des Markts. Doch auch ganz praktisch, bezogen auf die eigene Idee, ist es manchmal notwendig gewisse Risiken einzugehen und alles auf eine Karte zu setzen.

Nun sind »Unternehmertypen« jedoch nicht vollkommen blind gegenüber Wahrscheinlichkeiten von Erfolg oder Misserfolg; vielmehr spielt hier ein weiteres Charakteristikum eine große Rolle: ein tiefer und teilweise unerschütterlicher Optimismus. Tatsächlich sind alle Unternehmer aus meinem Bekanntenkreis Optimisten und befinden sich im sogenannten »gain frame«. ◆ Unternehmer im »gain frame« sehen sich also stets auf der Gewinnerseite, auch dann, wenn sie gerade einen Verlust einstecken mussten.

Das führt zur vielleicht wichtigsten Eigenschaft, die potenzielle Unternehmer mitbringen sollten: eine große Frustrationstoleranz. Über das Scheitern habe ich schon geschrieben – tatsächlich scheitern die meis-

◆ *Ein Konzept aus der Psychologie besagt, dass Botschaften je nach Formulierung entweder als »gain« (Gewinn) oder »loss« (Verlust) wahrgenommen werden, obwohl die statistische Wahrscheinlichkeit identisch ist.*

ten Entrepreneure ungefähr fünfmal, bis sie es »richtig machen«. Passionierte Gründer haben es geschafft, den mentalen Schalter umzulegen und Scheitern als etwas Wertvolles anzusehen.

Eine weitere Eigenschaft, die viele Entrepreneure verbindet, ist die Fähigkeit und der Wille, von allem und jedem zu lernen. Sie schaffen es beispielsweise, ein Buch über »erfolgreiches Vorsprechen am Broadway« zu lesen und daraus wichtige Einsichten für die Entwicklung ihres Unternehmens zu ziehen. Auch aus destruktiven Situationen ziehen sie aktiv und konstant Lehren für ihr eigenes Leben. Damit werden sie selbst Herr über das, was ihnen geschieht, und verwandeln so scheinbar Nutzloses in wertvolle Erfahrungen.

Dieser Lernwille geht oft mit dem Drang einher, sich stets zu verbessern – und nicht nur auf professioneller Ebene. Es ist der Drang, nach und nach zu einer immer besseren Version seiner selbst zu werden – sich emotional, mental, aber auch physisch weiterzuentwickeln.

Dieser Verbesserungsdrang bringt oft eine inhärente Aversion gegen Regeln mit sich: Gründer möchten sie ändern, sinnvoller gestalten oder einfach brechen. Durch die Überzeugung, die Dinge besser machen zu können, als sie gerade sind, lassen sie nichts unversucht, jedem »Geht nicht!« ein »Gibt's nicht!« anzufügen.

Zum Lernwillen kommt oft eine fast kindliche Faszination für die unterschiedlichsten Erfahrungen hinzu, die das Leben bietet, sowie der Glaube daran, Einfluss auf die Geschehnisse nehmen zu können. Dies, gepaart mit einem ansteckenden Spieltrieb und der Tendenz, sich Dinge wie Prozesse »aneignen« zu wollen, macht Entrepreneure oft zu großen Kindern, die noch an echte positive Veränderung in der Welt glauben.

Unternehmer sind oft rigoros pragmatisch. Sie wollen zum Ziel – Details können andere später klären! Wichtig ist, möglichst effizient voranzukommen und alles aus dem Weg zu räumen, was da stört. Sie packen an, und wenn es sein muss, übernehmen sie schon einmal eine Schicht, wenn der Produktionsprozess ansonsten zum Stehen kommen würde. Dies macht sie über die Zeit zu wahren Problemlösungsjunkies – eine Sucht, die es sich zu entwickeln lohnt.

◆ *Auch über James erfährst du auf S. 254 mehr.*

JAMES ROPER: ◆ »Nachdem ich mein professionelles Speaker-Business gestartet hatte, war ich ein Workaholic unter Dauerstrom und hatte kaum Entspannungsphasen. Ich lebte das »Entrepreneurial Paradox«: Die Tatsache, dass Unternehmer Freiheit zwar über alles schätzen, in der Gegenwart jedoch härter arbeiten als alle anderen – nur, um eines Tages diese Freiheit leben zu können. Mittlerweile habe ich mich damit abgefunden, solange ich weiß, dass ich meinen Zielen näher komme und meine Zufriedenheit sowie meinen Verstand auf dem Weg dahin nicht verliere.«

Die meisten Gründer sind …

… risikofreudig.
… unerschütterlich optimistisch.
… lernwillig, aber voller Widerspruchsgeist.
… »große Kinder« mit Lust auf Veränderungen.
… frustrationstolerante Problemlösungsjunkies.
… vor allem anderen: freiheitsliebend.

Dies sind die häufigsten Charakteristika, die ich in den vergangenen Jahren bei meinem Austausch mit den unterschiedlichsten Gründern entdeckt habe. Das heißt aber nicht, dass ich nicht auch Gründer kenne, die einige dieser Eigenschaften nicht aufweisen oder gar das komplette Gegenteil repräsentieren. Wichtig ist zu verstehen, dass es keinen Weg gibt, der vorherbestimmt ist. Wenn du dich mit keinem einzigen der genannten Punkte identifizieren kannst und dennoch ein erfolgreiches Unternehmen gegründet hast oder gründen wirst, zeigt das nur einmal mehr, dass im Geist des Unternehmertums alles möglich ist.

Den Unternehmergeist zu leben – nur darauf kommt es letztlich an!

AUF JEDEN TOPF PASST EIN DECKEL! AUCH BEIM GRÜNDEN

Es gibt also keine universelle Checkliste, die feststellt, ob jemand als Unternehmer geeignet ist. Auch die Vereinigung all der zuvor genannten Charakteristika in einer Person macht dich nicht automatisch zu einem erfolgreichen Gründer. Stattdessen solltest du dich als Entrepreneur fragen, welche einzigartigen Eigenschaften du selbst besitzt, und wie du diese für dich und dein Unterfangen gewinnbringend einsetzen kannst. Ich spreche vom Konzept des USP. ◆ Dieses Konzept werde ich immer wieder aufgreifen, denn es hat Auswirkungen auf das Produkt, die Ausführung der Unternehmertätigkeit und im Besonderen auch für das Marketing.

◆ *USP: »unique selling proposition« oder zu Deutsch: »Alleinstellungsmerkmal«*

Das Konzept des USP ist entscheidend, wenn es um die erfolgreiche Umsetzung eines Unterfangens geht. Denn sich über das USP der Firma, des Teams oder des Produkts im Klaren zu sein, entscheidet letztlich über Erfolg und Misserfolg - egal worum es geht.

Ich möchte dich dazu befähigen, dir deiner eigenen Positionierung im Wettbewerb und gegenüber anderen Gründern klar zu werden. Denn für jeden Typ gibt es ein Unterfangen, das zu seinen spezifischen Eigenschaften passt und daher eine hohe Chance auf Erfolg hat.

Eine Idee in einen Plan zu verwandeln und diesen Realität werden zu lassen, ist ein Weg, der, nur wenn er selbst beschritten wird, seine tiefe Komplexität offenbart. Bei dem Versuch, diesen Weg zu gehen, wirst du auf Herausforderungen stoßen, zu deren Überwindung du neue Fertigkeiten entwickeln musst. Du wirst neue Seiten an dir entdecken, die dir sonst verwehrt geblieben wären. Mach dich also auf, stürz dich ins »Abenteuer Unternehmertum«! Denn unabhängig von Erfolg oder Misserfolg bietet die unternehmerische Erfahrung einen einzigartigen Lerneffekt.

Gründen macht dich zu einem erfolgreicheren Menschen

Ein Unternehmen aufzubauen, ein Produkt auf den Markt zu bringen oder auch nur eine einzige Person mit dem angebotenen Service zufriedenzustellen, erfordert lösungsorientiertes Denken und aktives Handeln. Dabei ist es völlig irrelevant, ob das Unterfangen finanziell erfolgreich ist oder nicht. Ich selbst habe durch die Erfahrungen am meisten gelernt, mit denen ich nicht einen einzigen Cent verdient habe!

Um ans Ziel zu kommen, sollten Gründer Ausdauer beweisen, harte Verhandlungen führen, Menschen für ihre Sache gewinnen und Wichtiges von Unwichtigem unterscheiden lernen. Alle Erfahrungen, die sie in diesem Prozess sammeln, können sie im Privatleben wie auch im Angestelltenverhältnis anwenden. Es macht diejenigen, die es versuchen, zu erfolgreicheren Menschen. Denn für mich bedeutet Erfolg »ans Ziel zu kommen« - wobei du allein entscheidest, was genau das Ziel ist.

Der Zeitpunkt

Wann soll ich gründen? Jetzt! Egal, ob wir nun darüber sprechen, wann in deinem persönlichen Leben oder wann im globalen Zeitgefüge zwischen Krisen und Aufschwüngen. Jetzt ist die Zeit gekommen! Klassische Ratgeber zur Unternehmensgründung formulieren es leider oft so: »Frag erst mal drei Behörden, beantrage fünf Scheine und wenn du dann noch einen Kurs zum Rechnungswesen erfolgreich absolviert hast, dann darfst du vielleicht gründen.«

Diese Verbürokratisierung des »Abenteuer Unternehmertums« ist nicht nur unglaublich eintönig, sondern auch schädlich! Ich möchte nicht wissen, wie viele potenzielle Gründer sich von solchen Horror-Botschaften bereits haben abhalten lassen. Außerdem wird die unternehmerische Erfahrung durch die Fokussierung auf das finanzielle Resultat völlig vernachlässigt. Dabei braucht Deutschland Gründer – und zwar jetzt!

Es ist das Unternehmertum, welches unser Land Krisen wie die Finanz- und Wirtschaftskrise von 2008 gut überstehen hat lassen. Der deutsche Mittelstand ist weltweit anerkannt und eine selbst von der Weltmacht USA beneidete Besonderheit. Die große Anzahl leistungsorientierter Unternehmen, die in Generationen planen und somit zum nachhaltigen Bestehen der wirtschaftlichen Grundlage des Landes beitragen, sind Vorbilder für unsere wirtschaftliche Zukunft.

Meine Vision sind viele kleine, hoch spezialisierte Unternehmen, die in Netzwerken zusammenarbeiten, damit große »systemrelevante« Einrichtungen ablösen und zur Reduktion des makroökonomischen Risikos beitragen. Diese große Ansammlung von hochspezialisierten kleinen Firmen drängt die veralteten »Tante-Emma-Konzerne«◆

◆ *Tante-Emma-Konzerne: nicht-spezialisierte Firmen, die wie der »Tante-Emma-Laden« alles Mögliche anbieten.*

Wir brauchen Gründer – und zwar jetzt!

letztlich gänzlich vom Markt. Um dies zu gewährleisten, brauchen wir viele Unternehmer und somit mehr Menschen, die sich den Traum vom selbstbestimmten Arbeitsleben erfüllen.

Wann aber sollten sich potenzielle Gründer in das »Abenteuer Unternehmertum« stürzen? Hier gilt mein USP-Mantra: Es gibt für jedes Unterfangen den richtigen Zeitpunkt und damit für jeden Lebensabschnitt eines Gründers das Unternehmen, das darauf wartet, gegründet zu werden.

LILI RADU: »Bei mir war der ideale Zeitpunkt, zu gründen, während des MBAs gekommen: Mit reichlich Arbeitserfahrung und zurück im Studentenleben waren vorgeschriebene Arbeitszeiten sowie festes Einkommen schnell vergessen. Dieser Wechsel aus dem Arbeitsleben war für mich die beste Grundlage für einen Neubeginn.«

Strategisch kluge Zeitpunkte, die sich potenzielle Entrepreneure durch den Kopf gehen lassen könnten, sind:

▶ **während der Ausbildung / des Studiums**
Vorteil: Zugang zu kostenfreien Ressourcen und Zeit

▶ **aus dem Angestelltenverhältnis heraus**
Vorteil: Zweigleisig fährt es sich stabiler.

▶ **nach der Kündigung**
Vorteil: Die finanzielle Abfindung kann genutzt werden.

All diese Zeitpunkte haben gewisse Vor- und Nachteile. Schauen wir uns erstmal den Zeitpunkt ausführlich an, mit dem ich selbst am meisten Erfahrung gemacht habe: Sich bereits während der Ausbildung ersten unternehmerischen Erfahrungen auszusetzen, hat viele Vorteile, unter anderem für die persönliche Entwicklung.

GRÜNDEN IN DER STUDENTEN-WG

Die Universität stellt ihren Studierenden eine Vielzahl an Ressourcen zur Verfügung, für die Entrepreneure später unglaublich viel Geld bezahlen müssten. Zu diesen Ressourcen gehören nicht nur Räumlichkeiten (unser erstes Büro war der Gruppenraum der BWL-Bibliothek) und technisches Equipment, sondern vor allem viele professionelle Datenbanken, die Zugang zu unzähligen Magazinen, Zeitschriften und Artikeln bieten. Diese Datenbanken sind im »wahren Leben« unfassbar teuer; sie kostenlos während des Studiums nutzen zu können, ist ein wahrer Schatz. Das ist aber noch lange nicht alles.

Denn machen wir uns nichts vor: Die meisten Studenten haben in der Regel mehr Zeit als Menschen, die einer Arbeit nachgehen. Selbst ein vermeintlich einfacher »Nine-to-Five-Job« (von denen es heute immer weniger gibt) nimmt unglaublich viel Zeit in Anspruch! Nämlich den ganzen Tag - von neun Uhr morgens bis fünf Uhr nachmittags!

Ein weiterer grundlegender Vorteil des studentischen Unternehmertums ist das reduzierte Risiko und die Abwesenheit von Druck. Kurz gesagt: Es gibt nichts zu verlieren! Auch wenn Monate in ein Projekt gesteckt werden, das letztlich scheitert, so ist nichts verloren - was bleibt, sind wertvolle Erfahrungen. Außerdem sind Studierende noch nicht an ein stetiges und vor allem hohes Einkommen gewöhnt, die Lebenshaltungskosten sind niedrig und in den meisten Fällen muss auch keine Familie ernährt werden. Diese Verpflichtungen nicht auf den Schultern tragen zu müssen, ist eine große Erleichterung.

TILL STEINMAIER: »Ich hätte vielleicht gerne direkt aus der Uni heraus gegründet, aber erstens hatte ich noch keine überzeugende Idee und zweitens hat es mich auch gereizt, zu sehen, wie ich in der Arbeitswelt tatsächlich ankommen würde. Hätte ich jetzt aber nicht gegründet, noch ohne eine eigene Familie versorgen zu müssen, befürchte ich, hätte ich es nie getan. Ich würde ein ›Was wäre, wenn‹-Leben führen.«

Mit am wichtigsten ist jedoch die Erfahrung, die eine solche Tätigkeit mit sich bringt. Diese Erfahrungen werden nämlich auch von Firmen sehr geschätzt und unterscheiden Entrepreneure von all den anderen »Massenprodukten«, die jedes Jahr zu Tausenden aus den Hörsälen der Hochschulen auf den Markt strömen. Dies sind Vorteile, die jedem Entrepreneur nützen, denn es kann durchaus sinnvoll sein, sich - zur Auffrischung des Kapitalstocks oder zur Sammlung von industriespezifischen Erfahrungen - für einige Zeit wieder in ein geregeltes Arbeitsverhältnis zu begeben. Die Jobchancen sind für junge Entrepreneure jedenfalls vielversprechend!

Zusätzlich legt das Studentenleben die Grundlage für das professionelle Netzwerk. Nie wieder wirst du so viele verschiedene Menschen in einer so kurzen Zeit kennenlernen wie an der Universität. Das zu nutzen und darauf aufzubauen ist für den zukünftigen Erfolg unerlässlich. Zugang zu Netzwerken kannst du über studentische Organisationen erhalten; aber auch an jedem Networking Event, jeder WG-Party, ja sogar jedem Pub Crawl solltest du teilnehmen. Die Kontakte, die hier geknüpft werden, könnten sich später als Businesspartner, Kunden oder Cofounder entpuppen. Auch die zahlreichen Ausschreibungen und Gründerwettbewerbe an Universitäten bieten weitere Gelegenheiten sich und die eigene Idee in der Wahrnehmung potenzieller Partner zu platzieren.

Die Universität ist die Grundlage des professionellen Netzwerks.

Letztlich stellt die Möglichkeit, sich selbst zu entfalten und dabei neben dem Studium mit dem eigenen Projekt etwas Geld zu verdienen, eine große Bereicherung dar. Ob das studentische Budget jeden Monat 400 Euro oder 800 Euro hergibt, macht einen Riesenunterschied. Später, bei einem Jahreseinkommen von 50 000 Euro oder mehr ist der Gewinn an Lebensqualität nicht so stark spürbar. Und: Es gibt immer etwas zu erzählen.

Natürlich ergeben sich aus der Tatsache, dass studentische Unternehmer noch sehr jung sind, auch Limitationen. Diese sollten zwar nicht vom Unterfangen abhalten, es jedoch in die richtige Richtung lenken. Jung zu sein und Zugang zu Gleichaltrigen sowie Vertretern verschiedenster Fachrichtungen zu haben, bietet großes Potenzial für Innovationen. Dies fördert einen kreativeren und offeneren Blick auf die eigene Umgebung sowie die Zukunft. Es lohnt sich, sich auf die speziellen Eigenheiten zu konzentrieren, die später eventuell verloren gehen oder von jüngeren Marktteilnehmern besetzt werden.

Abgesehen davon sollten sich junge Entrepreneure auf die Dinge fokussieren, die ihnen Spaß machen und in denen sie schlichtweg »gut« sind.

BEISPIEL *Einer meiner Kommilitonen hatte während seines Bachelors bereits einen Stundenlohn von 50 Euro. Er machte Banken auf Sicherheitslücken in ihrer Onlinepräsenz aufmerksam und half, diese zu schließen.*

Es interessierte auch keinen meiner Kunden, dass ihr Ghostwriter erst 20 Jahre alt war. Zugegeben, die meisten kannten mein Alter gar nicht - wozu auch? Denn was letztlich zählte, war das, was auf dem Papier stand.

NEBENJOB: GRÜNDER

Wenn es jedoch um kapitalintensivere Gründungen geht und darum, von industriespezifischen Erfahrungen und bereits existierenden Kunden zu profitieren, kann es durchaus sinnvoll sein, das eigene Unternehmen aus einem festen Arbeitsverhältnis heraus zu starten. Von entspannten Abenden vor dem Fernseher und Wochenenden auf der Couch sollte man sich dann jedoch verabschieden.

<u>KATJA ANDES:</u> »Die Entscheidung zur Selbständigkeit war für mich damals ein Prozess, der mehrere Monate dauerte. Ich war zuvor fünf Jahre in der Beratung tätig, und der Gedanke an Selbständigkeit festigte sich nach und nach. Es fiel mir sehr schwer, die Kündigung einzureichen. Die Unsicherheit verursachte bei mir Bauchschmerzen. Mir half eine Übung ganz besonders: Ich malte mir den schlimmsten Fall aus, der eintreten könnte, wenn meine Gründung er-

folglos wäre. Außerdem überlegte ich mir, wie
ich dann aus diesem Schlamassel wieder herausfinden könnte. Sobald das ›Monster‹ ein Gesicht
hatte, schien es gar nicht mehr so schlimm, und
ich konnte meine Entscheidung treffen und umsetzen.«

Die Voraussetzung für eine »Halbtagsgründung« ist natürlich
immer die Beachtung vertraglich festgelegter Klauseln, wie beispielsweise das arbeitsvertragliche Konkurrenzverbot. Die Realität sieht jedoch so aus, dass sich viele erfolgreiche Start-ups
als »Spin-offs« größerer Konzerne (besonders im Technologiebereich) oder nach Kündigung mit dem Abgreifen »loyaler« Kunden gebildet haben.

VON DER KÜNDIGUNG ZUR GRÜNDUNG

Oftmals bietet auch eine Kündigung (durch den Arbeitgeber)
eine große Chance, sich selbstständig zu machen. Die gebotene
Abfindung könnte dann in das Start-up investiert oder als
Grundlage genutzt werden, bis die ersten Kunden an Land gezogen wurden. So muss sich der frisch gebackene Unternehmer
nicht nochmal auf dem Arbeitsmarkt herumschlagen, sondern
kann die finanziellen Ressourcen und das über die Jahre ange-
eignete Wissen nutzen, um sich den nächsten Job selbst zu kreieren - auch mit Mitte 50.

TILL STEINMAIER: »Der richtige Zeitpunkt und
Vorbereitung spielen beim Gründen eine wichtige
Rolle. Wenn man jung ist, hat man zwar weniger
finanzielle Verpflichtungen und Ansprüche sowie
mehr Zeit, etwas aufzubauen, man kann aber auch
weniger. Manchmal lohnt es sich daher, die
ersten Fehler bei einem Unternehmen zu machen
und sich ein Netzwerk aufzubauen, bevor man

loslegt. Die Gefahr ist jedoch, dass man den
Ausstieg verpasst. Dann wacht man mit Ende 40
frustriert auf und bemerkt, dass es vielleicht
zu spät ist zum Gründen.«

FAZIT Es gibt also für jeden Zeitpunkt Vor- und
Nachteile. Wichtig ist, sich über die Situation und
die damit verbundenen Verpflichtungen sowie USPs
bewusst zu werden. Die Quintessenz lautet: Jeder
sollte sich sofort als Unternehmer versuchen. Unser
Land braucht Gründer. Die gewonnenen Erfahrungen sind
ausschließlich nützlich - sie können auf alle Lebens-
bereiche übertragen werden. Kurzum: Wer nicht gründet, ist selbst schuld!

Anstoß!

VON DER IDEE BIS ZUM ZUM PRODUKT

EINLEITUNG NUN GEHT ES LOS: WIR STEHEN AM ANFANG DER UNTERNEHMERI- SCHEN TÄTIGKEIT! DER POTENZIELLE ENTREPRENEUR WIRD ZUM ENTREPRENEUR. DENN SOBALD NUR EIN PINSELSTRICH DER IDEE AUF PAPIER GEBRACHT UND DAMIT EIN UMSETZUNGSWILLE VERBUNDEN IST, IST EIN ENTREPRENEUR GEBOREN UND DIE KETTENREAKTION, DIE DAS UNTERNEHME- RISCHE FEUER ENTFACHT, WURDE ANGE- STOSSEN.

Wir Deutsche neigen dazu, alles kleinzureden. Das ist unglaublich schade, denn es macht nicht nur jeden Optimismus zunichte, sondern verdirbt auch unglaublich den Spaß. Das Leben eines Entrepreneurs ist großartig und aufregend. Also warum warten, bis jemand offiziell attestiert: »Ja, jetzt darfst du dich so nennen«? Ich halte das für kompletten Unsinn und möchte dir daher versichern, sobald eine konkrete Idee vorhanden ist und ihre Umsetzung mit Ernsthaftigkeit angegangen wird: Herzlichen Glückwunsch! Du bist Unternehmer!

ÜBUNG Versuche doch mal Folgendes laut auszusprechen und so lange zu wiederholen, bis es sich nicht mehr seltsam anhört … oder bis es sich zu seltsam anhört, um weiterzumachen: »Mein Name ist […], ich bin Unternehmer!«

Wir sind nun also Unternehmer. Damit fängt alles an. Und da wir nun geklärt haben, wo wir uns im Gründungsprozess befinden (nämlich am Anfang), möchte ich erläutern, was den Unterschied zwischen einer Idee, einem Konzept und dem letztlichen Produkt ausmacht.

Unternehmer gehen nicht mit ihrem gescheiterten Projekt unter. Sie schneiden sich los und machen weiter.

Dieses Kapitel ist nach diesen drei Schritten (Idee, Konzept und

Produkt) aufgeteilt, die jedoch eher einen graduellen Prozess als getrennte Elemente darstellen. Letztlich beschreibt diese Unterteilung die Gedankenfolge, die du dir durch den Kopf gehen lassen solltest, bevor du dein Geld in die Hand nimmst und loslegst. Schließlich lautet die nächste Frage: »Was möchte ich eigentlich genau machen?«

Unter der Idee verstehe ich den grundlegenden Gedanken, der erste Funke, der ein Gefühl der Euphorie hervorruft. Die Idee ist meist sehr simpel und konzentriert sich auf einen kleinen Aspekt des letztlichen Produkts. Im Teil »Die Idee« möchte ich erklären, wie neue Businessideen entstehen und was eine vielversprechende Idee mitbringen sollte.

Im nächsten Schritt, dem »Konzept«, gehen wir mehr in die Tiefe. Ein Konzept sollte sowohl erste Gedanken zu den zukünftigen Kunden beinhalten als auch erste Fragen nach der Profitabilität beantworten können. Da ich dies später im Businessplan detaillierter beleuchten werde, spreche ich in diesem Teil vielmehr über die Evaluation, vor allem aber über das erfolgreiche Kommunizieren eines Konzepts. Denn jedes Konzept sollte in erster Linie eines sein: verständlich.

Idee + Konzept + Produkt = Gründung

Im letzten Teil, dem »Produkt«, möchte ich über erfolgreiche vollendete Produkte oder Services sprechen. Was macht gute Produkte aus und welche strategischen Gedanken sollten bezüglich der Positionierung im Markt gemacht werden? Die grundlegende Evaluierung des Produkts findet im Spannungsfeld zwischen der Konkurrenz und den eigenen Kunden statt. Was du als Gründer beachten solltest und welcher Mittel du dich bedienen kannst, wird hier geklärt.

WER NICHT WAGT ...

Auch wenn ich dir genaue Werkzeuge an die Hand geben möchte, um gute Ideen zu erkennen, lautet die grundlegende Botschaft wie zuvor: Versuche es! Im Gegensatz zu uns haben Menschen in den USA kein Problem mit dem sogenannten Entrepreneurial Spirit - dem Unternehmergeist. Die Lust, Geschäfte zu machen, ist tief in der Mentalität verankert und geht einher mit einer (zugegeben, vielleicht übersteigerten) Risikoaffinität.

Für dich hier in Deutschland, Österreich oder der Schweiz möchte ich daher auf das Weiterentwickeln der Ideen setzen, die du vielleicht schon mitbringst. Ich denke, dass wir von mehr Mut zu unseren eigenen Ideen profitieren können. Im internationalen Vergleich sind wir schon von Natur aus eher kritisch. In den USA erkläre ich den Unterschied zwischen Deutschen und US-Amerikanern gern so: Am Ende einer (Business-)Präsentation wird der Vortragende von seinem Vorgesetzten evaluiert. Das Urteil lautet: »99 von 100 Prozent!« Der Amerikaner geht nach Hause und feiert. Nur der Deutsche fragt: »Was war denn das eine Prozent, das nicht gut war?«

Eine kritische Grundhaltung führt oft dazu, dass wir viel zu viel Gewicht auf die erste Idee legen.

Ich halte diese Eigenschaft der Kritikfähigkeit für sehr wertvoll, und sie ist - auch wenn sie uns vielleicht nicht zu den fröhlichsten Menschen auf diesem Globus macht - gerade für die Businesswelt von Vorteil. Oft schießen wir hier aber über das Ziel hinaus. Ich möchte dich nicht von deinen Ideen abbringen, sondern dir helfen, zwischen guten und »noch nicht fertigen« Ideen zu unterscheiden.

Wie oft habe ich den Satz gehört: »Ich würde mich ja gerne selbstständig machen, ich weiß nur nicht womit.« Die Idee scheint so neu und genial sein zu müssen, dass sie das restliche Leben finanziert und eine gesamte Industrie revolutioniert. Wer so an die ganze Sache rangeht, kann nur unter dem Druck zusammenbrechen. So stellt die Businessidee nicht nur den Anfang eines jeden Start-ups, sondern leider allzu oft gleichzeitig dessen Ende dar.

Die Idee

»Nicht auf die Idee, auf die Umsetzung kommt es an!« Dieser Satz ist ein weitverbreitetes Kredo in der Start-up-Szene. Und auch wenn es für jede Regel unzählige Ausnahmen gibt, beschreibt dieser Satz eine wichtige Grundannahme: Es geht nicht darum, Dinge neu zu machen, sondern besser.

D enn die Qualität einer Idee definiert sich nicht einzig durch ihre Novität. Ein spannendes Beispiel, um dies zu verdeutlichen, ist die Coffee-Shop-Kette Starbucks.

BEISPIEL *Starbucks hat den Kaffee nicht erfunden. Im Gegenteil: Sie haben ein uraltes Produkt genommen, verkaufen es aber auf eine neue Art und Weise. Das tatsächliche Produkt, Kaffee, das nur einen verschwindend geringen Teil der Kosten ausmacht, ist nicht die eigentliche Geschäftsidee. Wofür Kunden hohe Preise bezahlen, ist die Consumer Experience – also das Erlebnis für den Konsumenten, gepaart mit einem Qualitätsversprechen. Starbucks verspricht, dass das »Lieblingsgetränk« des Kunden immer perfekt zubereitet ist – falls nicht, bekommt der Kunde ein neues. Zusätzlich gibt es dann noch kostenloses WLAN in allen Filialen auf der ganzen Welt und einen To-go-Becher, der seinem Träger ein hippes, anspruchsvolles Image verleiht. Das ist es, wofür der Kunde durchschnittlich fünf Euro bezahlt – nicht für Kaffee.*

Ich selbst habe dies am Beispiel meiner Rhein-Neckar-Kiste erlebt. Sie ist kein High-Tech-Produkt oder schnittige App, und selbst das Konzept der Geschenkkiste war nicht neu. Warum entwickelte sie sich dennoch so erfolgreich? Ganz einfach: Sie war das richtige Produkt zur richtigen Zeit am richtigen Ort. Außerdem nahm die Tatsache, dass ich das Unternehmen für einen guten Zweck gründete, den Druck, es müsse mich für den Rest meines Lebens finanziell versorgen. Diese Aspekte, gepaart mit dem richtigen Marketing, reichen für eine erfolgreiche Idee aus.

Was kannst du als zukünftiger Unternehmer tun, wenn du nun selbst eine Idee entwickeln möchtest? Hierbei gibt es grundsätzlich zwei Ansätze:

▶ 1) Problemlösung: Was wird gebraucht?

Dieser Ansatz ist an den Markt gerichtet und stellt die Frage, was andere Menschen in ihrem Leben benötigen könnten.

▶ 2) Ressourcenorientierung: Was kann ich bieten?

Dieser Ansatz stellt die Frage, welche Ressourcen du selbst mitbringst und wie du sie ausspielen kannst.

WAS WIRD GEBRAUCHT?

Eine gute Geschäftsidee entsteht oft dadurch, dass ihr Erfinder durch aufmerksames Beobachten seiner Umwelt feststellt, was fehlt. Am erfolgreichsten ist diese Methode, wenn Probleme erkannt werden - Probleme, die andere Menschen im täglichen Leben haben oder die den Gründer selbst plagen. Lösungen für diese Probleme machen sich hervorragend als Geschäftsidee. Spontane »Aha-Effekte« und die daraus resultierenden Ideen sind jedoch nur der Anstoß - als Gründer solltest du sie anschließend lange evaluieren und modifizieren, bis sie sich letztlich als konzeptwürdig erweisen!

BEISPIEL *Ein Beispiel für diese Art der Idee kommt wieder mal aus der Kaffee-Welt – ich bin, unschwer zu erkennen, ein großer Kaffee-Fan. Der Erfinder der Manschette für den Kaffeebecher, Jay Sorensen[1], kam auf diese grandiose Idee, nachdem er selbst mit einem Problem konfrontiert wurde. Er verbrannte sich frühmorgens im Auto die Finger am Kaffeebecher und verbrühte sich schlussendlich sogar den Schoß mit Kaffee. Ihm war augenblicklich klar, dass er nicht der einzige Kaffeeliebhaber sein konnte, dem dies passiert. Nach langem Nachdenken und Probieren entwickelte sich die Idee* letztlich von einem komplett isolierenden Becher hin zur wesentlich ökonomischeren Manschette.

Es geht nicht darum, Dinge neu zu machen, sondern besser.

Oft sind es nicht die tatsächlichen Erfinder, die von großen Ideen profitieren. Sie wissen nicht, was sie mit der Idee anstellen sollen oder wie sie aus ihr Profit schlagen können. Doch eventuell schaffst du es, dich mit jemandem zusammentun, der es weiß. Im Falle unseres Manschetten-Genies hat es tatsächlich geklappt: Jay Sorensens Java Jackets laufen nach einem sagenhaften Anfangserfolg immer noch sehr gut, obwohl Starbucks mittlerweile ein eigenes Patent angemeldet hat.

KATJA ANDES: »Wer gründet, sollte sich zuerst mit den eigenen Zielen und der Art und Weise, wie er leben möchte, auseinandersetzen. Für mich war es wichtig, ortsungebunden zu sein. So entstand überhaupt erst die Idee zu Sunny Office, bei der ich zusammen mit anderen Gründern über mehrere Wochen hinweg Arbeit und schöne Orte verbinde.«

WAS KANN ICH BIETEN?

Der zweite Ansatz der Ressourcenorientierung richtet den Fokus auf die Person des Gründers beziehungsweise das Gründerteam selbst. Welche Stärken hat der Unternehmer, welche Ressourcen stehen (nur) ihm zur Verfügung? Nicht nur Können, vor allem Leidenschaft für eine gewisse Sache oder Tätigkeit ist eine wertvolle Stärke. Wenn sich Gründer dazu entscheiden, etwas mit der Welt zu teilen, das ihnen selbst große Freude bereitet, ist es sehr wahrscheinlich, dass es auch ihren Kunden Freude bereiten wird.

Ein einfaches Beispiel hierfür sind die vielen »Freizeitdesigner«, die sich früher oder später dazu entscheiden, Schmuck oder Laptop-Aufkleber online zum Verkauf anzubieten. Wenn

Unternehmer so vorgehen, können sie relativ schnell feststellen, wo eigene Schwächen liegen und diese durch Businesspartner ausgleichen oder an Dienstleister outsourcen. Wer also viel Spaß am Designen hat, sich aber nicht mit Onlinemarketing auskennt, muss seine Businessidee noch lange nicht verwerfen oder seine Ambitionen begraben!

<u>LILI RADU:</u> »Für die Idee habe ich eigentlich nicht lange Brainstorming betrieben oder gegrübelt; sie entstand ganz einfach aus eigenem Bedarf. Während meines MBAs in Mailand ging es oft direkt aus der Universität zum Aperitif. Leider habe ich selbst in dieser Mode-Metropole keine schöne Tasche für meinen Laptop gefunden, die auch abends als Clutch tragbar war. Dann habe ich beschlossen, eben meine eigene zu entwerfen.«

Ich persönlich halte diesen Ansatz für den vielversprechendsten. Denn wie schon zu Beginn erwähnt braucht es Ausdauer und eine anhaltende Motivation, das eigene Start-up zum Leben zu erwecken. Wenn du selbst also bereits große Freude an einer Freizeitbeschäftigung hast, warum diese nicht zum Beruf machen?

Nichts ist so ansteckend wie die Leidenschaft, die jemand für sein eigenes Produkt oder seinen eigenen Service empfindet.

METHODEN DER IDEENFINDUNG

Wenn es um Methoden geht, mit denen neue Ideen entwickelt werden können, so muss ich sagen, ich bin bezüglich deren Effektivität äußerst skeptisch. Brainstorming oder neuere Ansätze wie »Design Thinking« sind - auch wenn sie sich bemühen, freie nicht-urteilende Räume für Assoziation zu schaffen - immer noch sehr institutionalisiert und mit Regeln behaftet.

Denken: immer erfolgreich, selten wirklich genutzt.

Unter dem Druck, jetzt sofort eine geniale Idee produzieren zu müssen, schalten alle kreativen Teile des Hirns ab. Jedem steht es jedoch frei, diese Ansätze auszuprobieren; bei manchen sehr spezifischen Problemstellungen können hier und da auch einzelne Fortschritte erzielt werden.

Eine simple Methode – und sicherlich die wichtigste, um Ideen zu generieren – möchte ich hier gerne ansprechen: Denken. Das mag für dich jetzt etwas überraschend klingen, aber ich bitte einmal zu hinterfragen, wie viel Zeit wir uns am Tag nehmen, aktiv (oder auch ganz ungezielt) über eine Sache nachzudenken. Wir sind ständig mit irgendetwas beschäftigt: Lesen in der U-Bahn, Twittern im Café, Quatschen beim Lunch. Wir sind so sehr damit beschäftigt, jede Sekunde unserer Zeit zu füllen, dass wir Termine machen müssen, um »brainstormen zu gehen«. Ich habe da einen anderen Vorschlag: Denken.

ÜBUNG Bei der nächsten Zugfahrt den Laptop in der Tasche lassen. Ein ruhiges Abteil finden. Auf zwei Sitze ausbreiten, Kopfhörer in die Ohren stecken, die Playlist starten, das Handy ausschalten und einfach in die Ferne starren. Ich selbst praktiziere »Denken« regelmäßig und kann es nur empfehlen. Dies ist ein großer Luxus, den ich mir in unserer schnelllebigen Zeit gönne – aber ich sehe es als Investition. Mein bisheriger Rekord war eine fünfstündige Zugfahrt von Hamburg nach Mannheim – fünf Stunden lang »nur« denken!

Während dieser aktiven Auszeit würde ich dazu raten, nichts aufzuschreiben. Es ist durchaus wichtig, sich Notizen zu machen – aber nicht in dieser Phase. Diese Phase gehört einzig und allein den Gedanken sowie den Sprüngen, die sie machen. Wenn eine großartige Idee dabei ist, bleiben die Gedanken daran hängen und spinnen sie weiter. Und wenn sie wirklich gut ist, liegt am Ende der »Denksitzung« bereits eine weit fortgeschrittene Idee vor, die es wert ist, aufgeschrieben zu werden. Wer einige Zeit in aktives und tiefes Denken investiert, wird von den Ergebnissen beeindruckt sein. Wichtig ist, dass diese Phase unkontrolliert und ungestört ablaufen kann.

Eine Möglichkeit, über Businessideen nachzudenken, ist, diese auf eine höhere, abstraktere Ebene zu heben. Ich stelle mir zum Beispiel oft vor, dass ich versuche, die DNA einer Idee zu extrahieren. Dies kann auf zwei Wegen geschehen.

▶ **Die Da-Vinci-Methode:**
Ich habe die rohen »DNA-Bausteine« und setze diese zu einer Idee zusammen.

▶ **Die Frankenstein-Methode:**
Ich nehme eine erfolgreiche, existierende Idee und zerlege sie in ihre Einzelteile – ich extrahiere sozusagen die DNA und versuche anschließend diese auf neue oder schlicht andere Art und Weise wieder zusammenzufügen.

DIE DA-VINCI-METHODE Sie verdankt ihren Namen der Tatsache, dass ich sie für die originellere und kreativere Methode halte. So wie die Gestaltung der Sixtinischen Kapelle einzig Da Vincis schöpferischem Geist entsprungen ist, bildet die reine und einzigartige DNA der Idee im Kopf des Gründers die Grundlage für die entstehenden Businessideen.

BEISPIEL *Ein Gründer stellt nach tiefem und langem Grübeln fest, dass die Menschen immer mehr über »zu wenig Zeit« klagen. Zeit würde ein unglaublich erfolgreiches Produkt abgeben: Sie ist äußerst begrenzt, selten und daher unglaublich wertvoll. Besonders erfolgreiche Menschen, die eine hohe Zahlungsbereitschaft aufweisen, wären vortreffliche Kunden für das Produkt »Zeit«. Doof nur, dass sich Zeit nicht herstellen lässt. Schließlich nimmt der Gründer diese Grundsubstanz der Idee und bietet einen Service an, Zeit zu tauschen, anstatt sie zu produzieren. Er erfindet den Remote Personal Assistent – eine günstige Unterstützung für jedermann, die ortsungebunden und durch Technologie gestützt kleinere Aufgaben übernimmt und damit den Kunden gegen Geld etwas mehr Zeit bietet.*

DIE FRANKENSTEIN-METHODE Diese Methode spielt, unschwer zu erkennen, auf die literarische Figur an. Viktor Frankenstein entdeckt eine Methode, durch die totem Gewebe Leben eingehaucht werden kann, und nutzt diese, um sein Monster zu schaffen. Dies kann als Analogie zu einem alten (»toten«) Produkt gesehen werden, das der Unternehmer wieder marktfähig machen möchte. Auch gegen diesen Ansatz ist nichts einzuwenden. Im Gegenteil: Das Zerlegen eines bereits existierenden Produkts oder eines Service kann zu großartigen neuen Ideen führen. Wichtig ist, dass das Resultat besser, günstiger oder interessanter ist als das vorherige Produkt oder ein Komplement zu diesem darstellt.

BEISPIEL *Ein Unternehmer sieht fern und ärgert sich darüber, die Lieblingssendung verpasst zu haben: »Wie unverschämt! Die Sender zeigen immer, was sie wollen, wann sie es wollen. Ich möchte aber sehen, was ich will, wann ich es will.« Er stellt also fest, dass er zwar in seinem Wohnzimmer unterhalten werden will, sich aber nicht nach einem vorgefestigten Programm richten möchte. Schließlich setzt er diese Komponenten neu zusammen und erfindet TiVo.*

Abgesehen von den beiden DNA-Methoden können sich Unternehmer noch weiterer Stützen bedienen, um neue Ideen zu produzieren. Sich selbst oder dem Business Grenzen aufzuerlegen, kann hilfreich sein, ebenso wie das Kombinieren ausgefallener Themen, gegen den Trend gehen oder Nischen im Markt suchen.

GRENZEN Wenn alles erlaubt ist, ist es oft schwierig originelle Lösungen zu finden. Kreativität entsteht häufig in Situationen mit (sehr) beschränkten Möglichkeiten. Deshalb ist es manchmal hilfreich, sich selbst diese Grenzen zu setzen. Für ein Produkt könnten zum Beispiel Einschränkungen **Grenzen schaffen** für den Preis oder die Kosten, die Inhaltsstoffe **Kreativität.** oder die Produktionsweisen erarbeitet werden. Daraus können günstigere, gesündere oder umweltfreundlichere Alternativen zu bereits existierenden Produkten entstehen. Wichtig ist für Unternehmer, möglichst früh zu erkennen, welchen Wert Grenzen gerade für kreative Prozesse haben können.

KOMBINIEREN Oft können ausgefallene Ideen neue Impulse am Markt setzen. Hierfür kann der Entrepreneur zwei Themenfelder kombinieren, die scheinbar nichts miteinander zu tun haben. Kochen und Büroarbeit, Pflanzen und Flirten, Shoppen und Workout und so weiter. Gerade in diesem Zusammenhang können Gegensätze sich – und zahlende Kunden – anziehen.

KOMMEN WENN ANDERE GEHEN Generell ist es zu empfehlen, im Business stets gegen den Strom zu schwimmen. Nicht nur im Aktienmarkt zahlt es sich aus, dann zu investieren, wenn alle anderen fliehen. Märkte, Produkte oder Services, die als aussichtslos gelten, könnten sich zu vielversprechenden Projekten entwickeln. Denn im Business gilt: Totgesagte lohnen länger!

NISCHEN Ebenso können sich Nischen auszahlen. Eine Nische zu finden, die unbesetzt ist, kann sich zu einem erfolgreichen Unternehmen entwickeln. Gerade durch das Internet ist es heutzutage leicht, Produkte, die nur sehr spezielle Kunden ansprechen, unter das Volk zu bringen. Auch wenn es in der eigenen Stadt vielleicht nur 50 potenzielle Kunden gibt, könnte dies global gesehen ein sehr lukrativer Markt sein.

Am besten ist es für Unternehmer natürlich, wenn sie bereits Fähigkeiten besitzen, die zusammen eine Nischenkombination ergeben. Warum nicht einen Yoga-Kurs speziell für Investmentbanker aus dem Derivate-Handel anbieten? Und ich bin mir sicher, dass es da draußen auch einen Markt für Experten südostasiatischer Briefmarkenimporte gibt. Rein ins Internet und auf zum Kundenfang!

»STELL DIR DIE ZUKUNFT VOR« UND »VERBESSERE DAS LEBEN ANDERER«

Diese beiden Impulse sind eigentlich selbsterklärend. Die Welt, wie sie heute aussieht, ist nicht Produkt eines einzelnen Visionärs. Sie ist das Mosaik aus den Visionen tausender Individuen, die ihre Vorstellungen von der Zukunft im Großen wie im Kleinen umgesetzt haben. Wer also nach einer Idee sucht, die langfristig Erfolg hat, sollte sich fragen, wie er selbst in der Zukunft leben möchte. Hieraus lassen sich fast unendlich viele Ideen gewinnen – und es ist eine Möglichkeit, mitzubestimmen, wie die Menschheit in einigen Jahren leben wird.

Das Antlitz dieser Welt mitbestimmen kannst du nicht nur durch neue Produkte und Designs, sondern auch durch Mitbestimmung darüber, wie Menschen leben können und müssen. Wer einmal seine eigenen Wünsche beiseite stellt und sich vornimmt, das Leben derer zu verbessern, die es nicht so gut haben, findet nicht nur eine unglaublich bereichernde Motivation, sondern auch handfeste Businessideen. Ich spreche hier nicht davon, das Leid anderer zu vermarkten, sondern darüber, Businesskonzepte zu entwickeln, die viele Menschen am Gewinn teilhaben lassen und nicht nur Wenige am oberen Ende der Nahrungkette.

Die Welt mitbestimmen heißt auch die Zukunft gestalten – nicht nur für sich selbst.

Dabei bedenken viele Menschen nicht, dass auch gemeinnützige Organisationen ihre Mitarbeiter entlohnen. Auch Gründer von Initiativen, die zur Verbesserung der Lebensqualität der Ärmsten beitragen, können von ihrer Arbeit (oft mehr als) gut leben. Hier können Entrepreneure zahlreiche Ideen finden und ihr unternehmerisches Talent nutzen, diese zu marktfähigen Konzepten umzuwandeln.

Dafür müssen es noch nicht einmal gemeinnützige Einrichtungen sein. Wer ein Produkt anbietet, das sogenannte Winwin-Effekte generiert und damit Menschen in der gesamten Wertschöpfungskette befähigt, besser und selbstbestimmter zu leben, gibt aufgeklärten Kunden einen guten Grund, das eigene Produkt zu kaufen. Ich denke, es ist an der Zeit, dass wir uns nach solchen Konzepten umsehen.

Das Konzept

Wenn du dich nach langem Überlegen endlich für eine Idee entschieden hast, ist es an der Zeit, noch etwas länger nachzudenken. Die Idee sollte nun einige Fragen beantworten können, auf Basis derer ihr »Wert« evaluiert werden kann. Dafür sind zwei Gegebenheiten essenziell:

▶ 1) die Antworten auf diese Fragen zu kennen (Evaluation) und

▶ 2) fähig zu sein, diese zu kommunizieren (Kommunikation).

Die einfachste Methode, herauszufinden, ob eine Idee etwas taugt, ist, darüber zu sprechen. Ich rate allen Gründern, dies auch zu tun, bevor sie weiter (Zeit und Geld) in die Idee investieren. Das Teilen einer Idee mit Freunden und Bekannten hat viele Vorteile. Je häufiger du dies tust, desto mehr werden dir die essenziellen Teile der Idee klar. Außerdem kannst du so Feedback sammeln, dich erster Kritik aussetzen und dies nutzen, um deine Idee weiterzuentwickeln. Für jeden Entrepreneur ist es wichtig, zu verstehen, dass Feedback und Kritik wertvolle Geschenke sind.

Konstruktive Kritik ist wichtiger und hilfreicher als Lob, denn sie macht uns besser – Lob macht selbstzufrieden und träge.

»Aber was ist, wenn jemand meine Idee stiehlt?«, mag jetzt der ein oder andere vielleicht fragen. Meine Antwort: »Das macht keiner!« Die Wahrscheinlichkeit, dass Entrepreneure die Ideen anderer stehlen, ist äußerst gering. Der Dieb müsste alles stehen und liegen lassen, an dem er selbst gerade arbeitet, und in eine Idee investieren, die nicht einmal von ihm selbst stammt. Menschen glauben selten an die Ideen anderer in dem Ausmaß, in dem sie an ihre eigenen Ideen glauben. Zur Umsetzung braucht es persönliche Überzeugung. Wenn diese Motivation fehlt, wird niemand auch nur einen Cent in einen solchen Diebstahl investieren.

JAMES ROPER: »Als ich meine Festanstellung gekündigt habe, um mich Vollzeit dem Unternehmertum zu widmen, fand ich es sehr schwierig, mich auf eine einzige Geschäftsidee zu fokussieren. Als ein »Ideen-Mensch« hatte ich viele große Ideen, diese umzusetzen fiel mir jedoch schwer. Daraus ergaben sich viele angefangene Projekte, die niemals profitabel wurden. Gute Entrepreneure können aus nahezu allem ein Geschäftsmodell kreieren. Erfolgreiche Unternehmer jedoch wissen, wann sie neue, spannende Ideen ignorieren und sich auf ihre ursprünglichen Ziele fokussieren müssen.«

Der wichtigste Punkt ist jedoch: Wenn das einzige Wertvolle an dem Businesskonzept eine Idee ist, die sich nach einer Unterhaltung stehlen lässt, ist es die Umsetzung nicht wert. Es geht vor allem um die Umsetzung - nicht um rohe Ideen. Früher oder später werden alle guten Ideen gestohlen oder kopiert. Wenn du dir nicht darüber im Klaren bist, warum dein Unternehmen dennoch die Nummer eins im Markt sein wird, hast du ein großes Problem.

Die Frage zu beantworten, warum ein Unternehmen die Nummer eins sein wird, ist die Aufgabe der sogenannten Value Proposition. ◆ Die Value Proposition ist eines der wichtigsten Konzepte und neben dem USP die nächste essenzielle Frage, die sich jeder stellen sollte: »Warum sollen Kunden mein Produkt kaufen und nicht das meiner Konkurrenz?« In dieser Frage stecken genau genommen sechs Fragen, die die Grundlage für das Konzept bilden.

◆ *auf Deutsch:*
Nutzenversprechen

▶ Warum?

Die Value Proposition sollte sehr präzise und prägnant formuliert werden können. Sie sollte beantworten, was genau es ist, das das eigene Produkt besser macht als alle anderen auf dem Markt. Es reicht nicht aus, zu sagen: »Mein Produkt ist besser.« Die Analyse muss in die Tiefe gehen und zeigen, welche Eigenschaften das Produkt aus der Masse hervorheben. Ist es günstiger, schneller oder vielleicht effektiver?

▶ Sollen?

Du solltest herausstellen können, warum dein Produkt von Kunden gebraucht wird. Es reicht nicht, danach zu streben, ein »nice to have« zu entwickeln, nur ein klares »must have« kann auf dem Markt bestehen.

▶ Kunden?

Wer soll das Produkt eigentlich kaufen? Tiefere Analysen über den Markt folgen zwar noch zu einem späteren Zeitpunkt, jedoch sollte bereits beim Konzept klar sein, für wen das Produkt oder der Service eigentlich entwickelt wird. Ein wirklich gutes Konzept sollte herausstellen können, welche spezifischen Vorteile die Kunden vom Produkt erwarten können.

▶ Mein Produkt?

Diese Frage steht im Konzept natürlich zu Beginn und muss eigentlich schon bei der Idee beantwortet werden können: »Was genau ist mein Produkt eigentlich?« Hierbei geht es darum, festzustellen, was genau verkauft werden soll. Oft ist es nämlich nicht nur ein Produkt, das angeboten wird, sondern auch ein komplementärer Service, der das USP ausmacht.

▶ Kaufen?

Obwohl das Pricing◆ eine Kunst für sich ist und später

◆ *das Festlegen des* genauer behandelt werden wird, solltest
Verkaufspreises   du dir auch hierzu Gedanken machen.

Insbesondere dann, wenn das Wertversprechen des Produkts in einem Kostenvorteil für Kunden begründet ist.

▶ Konkurrenz?

Sie ist der beste Freund und zugleich größte Feind des Unternehmers. Sie macht ihn effizienter, effektiver, schlicht besser – und kann ihn ruinieren. Daher ist es von größter Wichtigkeit, die Konkurrenz genau zu kennen: wie Michael Corleone aus dem Roman *Der Pate* von Mario Puzo (eine Pflichtlektüre für jeden Entrepreneur!) es hält: »Keep your friends close, but your enemies closer.« (Auf Deutsch: »Halte deine Freunde nahe bei dir, aber deine Feinde noch näher.«)

DIE KOMMUNIKATION

Nachdem wir geklärt haben, welche Fragen ein gutes Konzept beantworten sollte, möchte ich abschließend die Kommunikation des Konzepts hervorheben. Keine Idee, kein Konzept und kein Produkt auf dieser Welt - egal wie überragend es ist - wird sich verkaufen, wenn es niemand versteht. Es gibt unzählige Situationen, in denen du dein Konzept vorstellen darfst, und auf diese solltest du vorbereitet sein. Ich habe eine einfache Regel, um die Verständlichkeit von Konzepten zu prüfen: Wenn du es deiner Oma nicht in fünf Minuten erklären kannst, ist es nicht klar genug.

Wenn du es deiner Oma nicht in fünf Minuten erklären kannst, ist es nicht klar genug.

Bei einem Networking-Event in Washington D.C., das ich vor einiger Zeit moderieren durfte, hatten wir Daniel B. Berger zu Gast - zu jener Zeit einer der 30 einflussreichten Lobbyisten unter den 35 000 registrierten Interessensvertretern der USA. Als abschließende Frage bat ich ihn, seinen Erfolg auf die drei für ihn wichtigsten Regeln herunterzubrechen. Seine Antwort: »Show up, be nice and most importantly: communicate!«

Für ihn sind die Anwesenheit vor Ort, eine grundlegende Freundlichkeit und vor allem die Fähigkeit zu kommunizieren die drei wichtigsten Erfolgsfaktoren überhaupt. Obwohl ich zu jedem einzelnen dieser Punkte Seiten füllen könnte, konzentriere ich mich an dieser Stelle auf die Kommunikation.

Unternehmer sind stets Verkäufer ihrer eigenen Ideen und sollten daher jederzeit auf das Präsentieren des Produkts, des Konzepts oder gar der Firma vorbereitet sein. Bevor du dich aber ins freie Feld begibst und dein Konzept unter die Leute bringst, solltest du die goldene Regel eines jeden Verkaufsgesprächs – zu dem auch die Kommunikation des Konzepts gehört – beachten: Vorbereitung ist alles!

Vorbereitung ist alles!

Als Unternehmer solltest du immer wissen, zu wem du sprichst. Wer ist mein Publikum? Welchen Hintergrund hat es? Welche Sprache spricht es? Mit Sprache meine ich nicht, ob Italienisch oder Chinesisch gesprochen wird (wobei dies natürlich auch essenziell ist), sondern ob das Publikum beispielsweise aus dem Finanz- oder dem Technologiebereich kommt. Vielleicht sprichst du auch zu kompletten Laien. Die Botschaft und vor allem die Art und Weise, wie sie transportiert wird, sollte an die Sprache des Publikums angepasst werden.

Dafür ist es unerlässlich, sich in das Publikum hineinzuversetzen. Was genau wollen diese Leute wissen? Was ist für sie essenziell und was eher Nebensache? Daraus ergibt sich, was du hervorheben und was du besser beiseitelassen solltest.

Großartige spontane Antworten sind alles außer spontan!

Der wichtigste Teil einer jeden Präsentation ist der, in dem das Publikum Fragen stellen kann. Formell »Q & A-Session« (Frage-und-Antwort-Teil) genannt, kommt dieser Teil in jeder Präsentation vor – selbst wenn diese erst in Form eines lockeren Plauschs an der Feierabendbar stattfindet. (Wir erinnern uns: Für Entrepreneure ist jedes Gespräch ein potenzielles Verkaufsgespräch!)

Wer nun bereits zitternd am Verzweifeln ist, weil die eigenen Nerven in spontanen Situationen stets versagen, kann aufatmen. Das Antizipieren und gezielte Vorbereiten auf kritische

Die Q & A-Session ist die Königsdisziplin des Präsentierens und entscheidet über Erfolg und Misserfolg.

Fragen ist das Geheimrezept eines jeden souveränen Auftritts. So großartig der Effekt auf den Punkt gebrachter Antworten auch ist, die Modellierung ist recht simpel: Du präsentierst dein Konzept so häufig es nur geht und notierst dir alle Fragen, die auftauchen. Im Idealfall findet dies im geschützten Rahmen des eigenen Teams und nicht zum ersten Mal vor einem potenziellen Investor statt. Anschließend wird für jede Frage die beste Antwort konzipiert, welche jedoch nicht nur eine bloße Beantwortung der Frage sein sollte!

Unser Mentor in der Zeit der Rhein-Neckar-Kiste - Cornelius Bossers - hatte uns stets eingehämmert: »Jede Frage ist eine Chance!« Eine Chance, mehr über das eigene Projekt und seine Value Proposition zu erzählen. Wer Fragen auf diese positive Art und Weise annimmt, verliert schnell jede Scheu und kann von der Defensive in die Offensive übergehen.

Kommen wir nun zu den drei wichtigsten Werkzeugen, die jeder Unternehmer parat haben sollte, um das ausgearbeitete Konzept zu kommunizieren:

▶ DER ELEVATOR-PITCH,

▶ DER ONE-PAGER UND

▶ DIE DIGITALE PRÄSENTATION.

DER ELEVATOR-PITCH

BEISPIEL *Der Elevator-Pitch entstammt folgender Vorstellung: Ein Entrepreneur, der ein neues Fernsehformat entwickelt, steht im Aufzug irgendwo in Köln und möchte in die fünfte Etage. Er drückt auf den Knopf und die Türen beginnen sich zu schließen. Plötzlich hält ein weißer Turnschuh den Aufzug auf – herein tritt Stefan Raab. Er drückt den Knopf zur vierten Etage: 30 Sekunden – Auf die Plätze, fertig, los!*

In dreißig Sekunden solltest du einen Abriss deines Konzepts liefern können, der Zuhörer dazu anregt, mehr wissen zu wollen. Dieser sollte authentisch und nicht überinszeniert wirken sowie auf die wichtigsten Bestandteile reduziert sein.

DER ONE-PAGER Sind die Zuhörer - vielleicht potenzielle Investoren - am Haken, kannst du ihnen den One-Pager reichen. Der One-Pager, wie der Name bereits verrät, ist ein einseitiges Dokument, das einen kurzen Überblick über das Konzept gibt und eine Auflistung des Kernteams sowie deren Kontaktdaten enthält. Er sollte nicht zu detailliert sein und keine internen Daten preisgeben - die sind für den Businessplan vorbehalten. Dennoch ist der One-Pager an potenzielle Partner gerichtet und stellt somit eine Gratwanderung zwischen Vertrauen und Vorsicht dar. Anders als der Elevator-Pitch, der auch der Konkurrenz unter die Nase gerieben werden kann.

DIE DIGITALE PRÄSENTATION Das letzte Werkzeug, welches stets zur Hand sein sollte, um ein Konzept zu präsentieren, ist die digitale Präsentation. Ein Set von ungefähr zehn bis 20 Folien beschreibt das Konzept relativ detailliert. (Ich spreche hier absichtlich nicht von PowerPoint, da es mittlerweile innovativere und interessantere Möglichkeiten gibt.) Die Präsentationen, die mich bisher am meisten beeindruckt haben, enthielten kaum Text, dafür aber beeindruckende Bilder, überzeugende Daten und mitreißende Testimonials. Die Präsentation ist, wenn wir sie mit den beiden vorherigen Werkzeugen kontrastieren, an einen vertrauenswürdigen Kreis von Zuhörern gerichtet.

ZUSAMMENFASSEND solltest du im Kopf behalten, dass die drei Werkzeuge sowie das zugrundeliegende Konzept lediglich Teaser darstellen. Sie sollen Zuhörer, Kunden und potenzielle Partner neugierig machen und zur tieferen Einblicknahme animieren. Dieser tiefere Einblick führt dann durch den detaillierten Businessplan hoffentlich zu einem Deal.

Bei all den Bemühungen solltest du als Unternehmer eines berücksichtigen: Die Menschen, die dir zuhören, schenken dir mit ihrer Aufmerksamkeit Energie und Zeit. Dies sind limitierte Ressourcen und sie sollten auch so behandelt werden. Dankbarkeit hierfür zeigst du am besten, indem du sie nicht verschwendest und diese Investition mit Erfolg für beide Seiten belohnst.

Das Produkt

Steht erst einmal ein durchdachtes und verständliches Konzept, ist der Sprung zum fertigen Produkt nicht mehr weit. Auch wenn ich hier nicht mit betriebswirtschaftlichen Theorien langweilen möchte, halte ich es doch für sinnvoll, zumindest grundlegende Strategieüberlegungen und Eigenschaften von vielversprechenden Produkten zu besprechen.

Wenn sich die Frage nach einem »guten« Produkt stellt, lautet die Antwort: Es sollte sich gut verkaufen. Bevor sich der Unternehmer aber um Marketing und Sales kümmern kann, sollte er klären, was er eigentlich verkauft. Diese scheinbar triviale Frage hat besonders im Zeitalter der Apps und sozialen Netzwerke hohe Relevanz. Oft sind Gründer so sehr von der Idee und den Features einer digitalen Neuheit vereinnahmt, dass sie sich überhaupt nicht fragen, wie sie mit ihrer Erfindung eigentlich Geld verdienen werden. Das fertige Produkt ist also nicht nur die Idee, sondern das komplette Geschäftsmodell.

Das Produkt ist das komplette Geschäftsmodell.

Das Geschäftsmodell beschreibt, wie du mit deiner Idee Geld verdienst. Dies ist oftmals alles andere als intuitiv, was ich am Beispiel von Google zeigen möchte.

BEISPIEL *Wie wir alle wissen, bietet Google einen Suchmaschinenservice an, mit dem sich Menschen durch die endlosen Weiten des World Wide Web navigieren können. Doch was verdient Google damit? Nichts. Denn das eigentliche Geschäftsmodell von Google ist nicht das Anbieten eines Service für Privatkunden, sondern der Verkauf individualisierter Werbeflächen an Geschäftskunden.*

Die Privatkunden »bezahlen« Google mit ihren Daten, die es Google erlauben, beispielsweise für eine Freiburger Cupcake-Bäckerin lokalspezifische Werbung zu schalten. Zusätzlich bietet Google ein komplettes Werbenetzwerk an, bei dem Geschäftskunden auf ihrer eigenen Homepage Werbung für Komplementärprodukte schalten können. Auf der Cupcake-Homepage also zum Beispiel eine Anzeige für WeightWatchers. So verdient Google Geld.

◆ *Competitive Advantage: die Positionierung des eigenen Produkts (oder gar des gesamten Unternehmens) in einer Art, aus der sich ein Vorsprung gegenüber der Konkurrenz ergibt.*

Das Produkt, für das du dich entscheidest, sollte maximalen Nutzen aus dem eigenen Competitive Advantage, ◆ ziehen. Das könnte zum Beispiel ein exklusiver Zugang zu einer bestimmten Ressource oder ein exklusiver Vertrag mit einem Businesspartner sein.

BEISPIEL *Der amerikanische Telefonanbieter AT&T hatte sich einen solchen Vorsprung gegenüber Verizon verschaffen können, indem er mit Apple einen Exklusivvertrag für das iPhone bis ins Jahr 2011 ausgehandelt hatte.*

<u>HOWARD GLENN:</u> »Uns war schnell klar, wie wir Watsi im Vergleich mit anderen gemeinnützigen Organisationen positionieren mussten: Wer in dieser Industrie Vertrauen erwecken will, muss transparent, effizient, innovativ und effektiv sein. Deshalb veröffentlichen wir monatlich unsere Finanzen, verschwenden kein Geld für aufwendige Visitenkarten und Büros, sind immer auf dem aktuellsten Stand der Technik und nehmen keinen einzigen Teil der Spenden für Watsi in Anspruch. Jeder gespendete Cent geht zu 100 Prozent direkt an die Menschen, die wir mit unserer Arbeit medizinisch versorgen.«

PREIS ODER QUALITÄT?

Wenn wir über die Positionierung der Produktes im Markt sprechen, gibt es traditionell zwei Möglichkeiten, die von Michael Porter, Professor an der Harvard Business School und

Die Positionierung am Markt erfolgt meist durch einen Vergleich mit der Konkurrenz. oberster Prophet der Betriebswirtschaftslehre, beschrieben werden: Kostenführerschaft oder Qualitätsführerschaft. Ein Produkt sollte sich laut Porter entweder dadurch auszeichnen, dass es zu einem günstigeren Preis als das der Konkurrenz angeboten wird, oder aber sich durch eine höhere Qualität abheben. Alles dazwischen gilt als »stuck in the middle« und somit als langfristig nicht tragbar. Natürlich ergeben sich Wettbewerbsvorteile auch durch Nischen (wie bereits besprochen), Innovationen oder einen hohen Wiedererkennungswert der Marke.

Ich selbst glaube, dass jeder Unternehmer einen Competitive Advantage finden, ja sogar kreieren kann, wenn er nur gezielt danach sucht und die Konkurrenz entspre-**Change the game!** chend gut kennt. Die besten Wettbewerbsvorteile sind jene, die sich aus Situationen ergeben, die im ersten Moment als nachteilig wahrgenommen werden. So inspirierten beispielsweise ursprünglich äußerst limitierte finanzielle Mittel Quentin Tarantino zum Drehbuch und zur speziellen Umsetzung von *Reservoir Dogs* – dem Film, mit dem er Weltruhm erlangen sollte.

Wenn es die Spielregeln des Markts schlicht nicht zulassen, dass der Unternehmer einen Fuß in die Tür bekommt, bleibt ihm nichts anderes übrig, als das gesamte Spiel nach seinen Regeln zu verändern – er wird zum »Game Changer«. ◆

♦ *Als Game Changer wird eine Person, ein Unternehmen, ein Produkt oder auch eine Dienstleistung bezeichnet, die eine gesamte Industrie und die Funktionsweise eines gesamten Markts umkrempelt und sozusagen »das Spiel« verändert.*

Dies kann ebenfalls eine Form des Competitive Advantage sein, durch den die Konkurrenz komplett vom Platz gefegt wird. Ich halte diese Form des Vorteils für die mächtigste und nachhaltigste überhaupt.

BEISPIEL *Ein erfolgreicher Game Changer ist der schwedische Musik-Streaming-Dienst Spotify. Der Musikmarkt ist komplett überfüllt, Produzenten sowie Künstler machen kaum noch Geld und immer mehr Menschen ziehen es vor, Musik aus dem Internet zu beziehen, anstatt sich in einen Laden zu begeben und dort eine CD zu kaufen. Nun hatte Apple diesen Markt bereits mit* *iTunes revolutioniert, doch Spotify legte nochmal einen drauf: Menschen haben kein wirkliches Interesse daran, Musiktitel zu besitzen – nach dem zwanzigsten Anhören ist das Lied sowieso uninteressant geworden. Stattdessen wollen wir alle Abwechslung und einen unkomplizierten Zugang zur Musik, die uns gefällt. Außerdem lassen wir uns gerne Titel von Freunden empfehlen und sind jederzeit offen für etwas Neues. Spotify war geboren! Heute streamen, teilen und »liken« wir Musik jederzeit und überall, on- und offline auf unseren Smartphones. Wir kaufen keine Titel, sondern abonnieren die gesamte Welt der Musik pro Monat. Es gibt neuen Raum für unbekannte Künstler und in der Zukunft können mehr Menschen von ihrer Musik leben (auch wenn weniger durch sie reich werden), während mehr Menschen ihren individuellen Geschmack bedienen können. Spotify hat das Spiel des Musikbusiness komplett verändert – ein echter Game Changer.*

DAS DIGITALE ZEITALTER NUTZEN

Egal worin du als Unternehmer deinen Competitive Advantage begründest, du solltest in erster Linie die Bedürfnisse der Kunden beachten. Kunden wollen durch das Produkt entweder einen Lustgewinn oder eine Aufwandsreduktion erreichen. Deswegen sollten Produkte so simpel und intuitiv wie möglich gestaltet werden. Der Kunde möchte keinen zusätzlichen Aufwand durch das Produkt haben und nicht erst lernen müssen, wie es funktioniert. Wer liest schon Anleitungen?

Stattdessen solltest du dir den Spieltrieb zunutze machen, der in jedem Menschen steckt. Produkte, auch wenn sie für Geschäftskunden gedacht sind, machen einfach mehr Spaß, wenn sie sich spielerisch bedienen lassen.

Das digitale Zeitalter bietet für Gründer ungeahnte Möglichkeiten! Anstatt Vermutungen darüber anzustellen, was Kunden eigentlich wollen, können Unternehmer von heute diese einfach fragen. Bevor noch ein einzelnes Stück produziert wurde, können so Ladenhüter in vielen Fällen bereits vermieden werden. Durch soziale Netzwerke oder eine Homepage, die Kommunikation

Das Produkt sollte sich an den Menschen anpassen – nicht umgekehrt.

mit den zukünftigen Kunden zulässt (User Involvement, oder Nutzereinbezug), können Entrepreneure Prototypen vorstellen und Feedback zu diesen sammeln.

Wenn ein besonders technologieaffines Team hinter dir steht, kannst du sogar ein digitales Modell des zukünftigen Produkts entwickeln und es durch die User erweitern oder verändern lassen. Der Kreativität sind hierbei keine Grenzen gesetzt.

FAZIT: Abschließend lässt sich sagen, dass der wichtigste Grundstein eines jeden Unternehmens ein funktionierendes und verständliches Geschäftsmodell ist. Es ist sozusagen das Schiff, mit dem der Unternehmer sich ins »Abenteuer Unternehmertum« stürzen kann. Mit einem Schiff alleine wird der frisch gebackene Kapitän jedoch nicht weit kommen. Was ihm fehlt ist … die Crew!

Alle
für
einen, ...

3

... EINER FÜR ALLE!

EINLEITUNG

ES IST 8:19 UHR IN LOS ANGELES, KALIFORNIEN. DIE SONNE SCHEINT, DER HIMMEL IST STRAHLEND BLAU. WIR BEFINDEN UNS AUF DER DACH-TERRASSE DES HILTON HOTELS. KEIN TON IST ZU HÖREN. 32 JUNGE FRAUEN UND MÄNNER, KOMPLETT IN BUSINESS ATTIRE GEKLEIDET, HABEN EINEN KREIS GEBIL-DET. ARM IN ARM SCHAUEN SIE MIT AN-GESPANNTEM BLICK AUF FÜNF WEITERE PERSONEN IN DER MITTE. EINER DER FÜNF, EIN JUNGER MANN, SAGT MIT LAUTER STIMME UND SIEGESGESTE: »WE GET THE JOB DONE!« DARAUF RUFEN ALLE 37 GE-MEINSAM: »TEAM MANNHEIM!« JUBEL UND LAUTER BEIFALL SIND ZU HÖREN, WÄHREND SICH ALLE ANWESENDEN ERLEICHTERT IN DIE ARME FALLEN.

Diese ist eine Beschreibung der Minuten vor der entscheidenden Präsentation unserer NGO in Los Angeles, die ich zuvor erwähnt hatte. Es ging um nichts Geringeres, als die deutsche Organisation weltweit zu repräsentieren und als erfolgreichstes Team den »World Cup« mit nach Hause zu nehmen. Unzählige schlaflose Nächte und Monate der Vorbereitung lagen bereits hinter uns. Nun war unsere Delegation zusammengekommen, um die Präsentation nochmal gemeinsam durchzugehen und den fünf Vortragenden ihre volle Unterstützung zukommen zu lassen. Der junge Mann in der Mitte war ich: Knapp 21 Jahre alt, war ich der frisch gewählte Leiter des damals 175 Mitglieder starken Teams und absolut ahnungslos, was ich da eigentlich tat.

Dieser Moment auf der Dachterrasse war zwar lediglich der Gipfel einer unglaublich engen und produktiven Zusammenarbeit des gesamten Teams, doch diese einzigartige Erfahrung veränderte alles. Zu wissen, dass ein so leidenschaftliches und starkes Team hinter mir steht, stattete mich mit einem Vertrauen aus, das mich durch meine gesamte aktive Zeit in der Organisation trug. Als mich ein Redakteur des Kamerateams, das uns begleitete, auf dem Weg zum Präsentationssaal fragte: »Wie stehen die Chancen? Gewinnt ihr das Ding?«, sagte ich ohne zu zögern und noch bewegt von den Minuten zuvor: »Mit so einem Team haben wir schon gewonnen - egal wie das hier ausgeht.«

Jeder CEO und jeder Gründer, der mit seinem Unternehmen langfristig Erfolg haben möchte, sollte sich auf sein Team verlassen können. Ohne das Team sind sie eher früher als später raus aus dem Business und versauern einsam auf dem Thron.

Das Team - seine Dynamiken, die inhärente Kultur sowie seine Führung und die Struktur, die es umgibt - ist das Herzstück eines jeden erfolgreichen Unternehmens. Im Folgenden sollen dir nun die wichtigsten Elemente vor Augen geführt werden, die es bei der Wahl des Teams sowie im Umgang mit diesem zu beachten gilt. Da ich mich selbst auf professioneller Basis mit verwandten Themen wie Corporate Culture und Leadership beschäftige, werde ich auch einige theoretische Einsichten hieraus teilen.

Das Team ist das wichtigste Element jeder Gründung - ohne Wenn und Aber.

Im ersten Teil möchte ich aufzeigen, wie du dein eigenes Team findest und wer eigentlich zum Team dazugehört. Wer sind die verschiedenen Charaktere des unmittelbaren Gründerteams, wozu sind sie »nützlich« und was gilt es zu beachten?

Anschließend werde ich in die Tiefe des Phänomens »Teamwork« eintauchen. Was sind die Charakteristika erfolgreicher Teams, welche Rolle spielt die Teamkultur und wie kann diese gezielt eingesetzt und gesteuert werden?

Im letzten Teil schließlich widme ich mich kritischen Elementen rund um das Team. Was sind die häufigsten Fehler und auf welche Warnsignale solltest du achten, wenn du das Team langfristig zusammenhalten möchtest?

WARUM TEAMS?

Warum sind Teams eigentlich so wichtig? Durch die Geschichte hinweg, egal ob in Business oder Politik, können wir sie finden: Steve Jobs hatte den »Wizard of Woz« Steve Wozniak, Edmund Hillary hatte Tenzing Norgay, Frodo hatte die Gefährten und Jesus seine zwölf Jünger. Dies waren Teams, und zwar sehr erfolgreiche. Es waren Gruppen von Individuen, die

Eins ist sicher:
Ohne die

GEFÄHR
TEN

wäre
Mittelerde

verloren

gewesen.

zusammengekommen sind, um ein gemeinsames Ziel zu erreichen. Egal ob das Unterfangen »die Rettung von Mittelerde« oder »die Erfindung des Apple I« hieß - alleine hätten sie es wohl nicht geschafft.

Das Team und die Geschäftsidee sind die einzigen Ressourcen, die zu Beginn vorgewiesen werden können. Sie bilden das (Human-)Kapital und damit für Investoren eine Grundlage, auf Basis derer sie ihre Entscheidungen treffen werden. Sie entscheiden, ob sie dem Team zutrauen, das zu vollbringen, was es angibt, vollbringen zu können.

Aber nicht nur für die Investoren, sondern auch für dich als Entrepreneur ist das Team eine unerlässliche Stütze. Das Team bietet für jede Herausforderung zusätzliche Einsichten aus verschiedenen Blickwinkeln, und auch bei der ersten Finanzierung steht es zusammen mit dir für das Projekt ein. Nicht zu vergessen ist das Netzwerk, das sich durch das Team um viele weitere Kontakte ausdehnt.

Der Gründer selbst muss eigentlich nichts können, solange sein Team es kann.

Der für mich wichtigste Punkt, den es hier herauszustellen gilt, ist jedoch: Das Team ist es, das jedem Entrepreneur erlaubt, jedes Unterfangen anzugehen, das er sich in den Kopf setzt.

Ich würde zwar in den meisten Fällen nicht dazu raten, ein Unterfangen in einem Feld zu starten, von dem du selbst keinen blassen Schimmer hast, manchmal aber kann gerade dieser »Blick von außen« durchaus Früchte tragen.

LILI RADU: »Mein Unternehmen war lange Zeit eine One-Woman-Show und auch heute ist die Teamgröße überschaubar. Uns alle verbindet die Liebe zum Produkt - es ist eben keine Klobrille. In meinem Team vertraue ich vor allem auf Freelancer. Ab einem gewissen Punkt muss man Verantwortung an Menschen abgeben, die in einem speziellen Feld besser sind als man selbst. Ohne diese Expertise ist sonst kein Wachstum möglich.«

Doch ganz egal welche Herausforderungen sich dir als Entrepreneur in den Weg stellen, ob es Regeln sind, die dir nicht passen, oder eine Technologie, die du nicht verstehst: All diese Dinge werden von Menschen geschaffen und können auch von
Menschen geändert werden - zu deinen Gunsten. Deswegen ist
es auch von so großer Wichtigkeit, mit Menschen umgehen zu
können. Besonders in der Teamarbeit und Teamzusammenstel-
lung wird dir diese Fähigkeit von Nutzen sein.

Das Team als Erfolgs-faktor

Wenn im Rahmen des Start-ups von »Teams« gesprochen wird, so haben die meisten das unmittelbare Gründer-team vor Augen. Zu einem wirklich effektiven Team gehören aber noch mehr als nur die zwei, drei oder fünf Entrepreneure selbst. Wer sind diese Individuen, wie findest du sie und worauf solltest du dabei achten?

Fangen wir zuerst beim Gründerteam selbst an. Cofounder sind die Teammitglieder, die das Start-up mitbegründen und damit meistens auch Miteigentümer sind. Diese spezielle Beziehung macht die Wahl der Cofounder besonders essenziell und schwierig, da du sie nicht so schnell wieder loswerden kannst. In diesem Sinne ist es fast wie eine Ehe und sollte mit nahezu gleicher Vorsicht angegangen werden – denn auch hier wird am Ende vielleicht um das Geld und die Kinder (das Unternehmen) gestritten.

Es lässt sich die Tendenz feststellen, dass viele Gründer in ihrem engsten Freundeskreis nach diesen potenziellen Mitgründern suchen – was nicht immer eine gute Idee sein muss. Sicherlich ist der Wunsch, mit den Menschen zusammenzuarbeiten, die dir nahestehen, mit einer der Gründe, warum du die Selbstständigkeit anstrebst. Die Argumente gegen diese Vorgehensweise sind jedoch ebenfalls nicht zu ignorieren: Nur weil sich zwei Menschen im privaten Umfeld, beim Feiern und Kaffee trinken gut verstehen, heißt das noch lange nicht, dass sie auch gut zusammenarbeiten können. Gerade diese Zusammenarbeit ist es aber letztlich, die über Erfolg und Misserfolg entscheidet.

Wo finde ich also meine (hoffentlich) »bessere Hälfte«? Das für mich Naheliegendste ist, sich im Kreis derer umzusehen, mit denen du bereits zusammengearbeitet hast. So habe auch ich meinen Geschäftspartner gefunden: Nachdem wir mehr als zwei Jahre in der bereits erwähnten NGO tätig waren, wussten wir, dass die Zusammenarbeit zwischen uns bestens funktioniert. In dieser Zeit sind wir zwar auch enge Freunde geworden, aber am Anfang stand eine äußerst gut funktionierende Zusammenarbeit.

Eine weitere Möglichkeit ist es, sich in einschlägigen Netzwerken umzuhören. Gründernetzwerke oder andere professionelle Vereinigungen können hier erste Anlaufstellen sein. Gerade im »Zeitalter 2.0« gibt es immer wieder Möglichkeiten, sich der eingerichteten Online-Business-Partnerbörsen zu bedienen.

Ich selbst stehe dem eher skeptisch gegenüber, da ich meine Entscheidungen über langfristige Bindungen basierend auf persönlichem und intensivem Austausch treffe. Dies stelle ich mir bei einer digitalen Variante eher schwierig vor: Zwei potenzielle Cofounder, die sich regelmäßig zu »Dates« treffen, um nach dem dritten oder vierten zu entscheiden, ob sie zusammenpassen? Jedenfalls gibt es diese Möglichkeit; ausprobieren schadet sicher nicht.

Die Gründer sollten zueinander sowie zum gemeinsamen Projekt passen. Zwar nicht unbedingt bis dass der Tod sie scheidet – eventuell aber bis der Insolvenzverwalter dies übernimmt.

Was die persönliche Eignung eines Cofounders angeht, können nicht viele grundlegende Regeln formuliert werden. Jeder Gründer muss den Geschäftspartner finden, der zu ihm passt und der die eigenen Fähigkeiten komplementiert. Prinzipiell sollten gerade die Punkte »Anteilskapital« sowie »Stimmrechte« von Beginn an geregelt sein. Wer besitzt wie viel Prozent des Unternehmens sowie des resultierenden Profits und wer hat das Sagen?

Außerdem können viele Komplikationen vermieden werden, wenn sich die Gründer in ähnlichen Lebensphasen befinden. Sie müssen nicht gleich alt sein, jedoch haben ein Student im zweiten Semester und ein Alleinerziehender mit fester Anstellung nicht zwangsläufig die gleichen Interessen und Prioritäten.

Zwar ist jedes Gründerteam so individuell wie die Menschen, aus denen es besteht, jedoch lassen sich gewisse Charaktere ausmachen, die in Kernteams vieler erfolgreicher Gründungen vertreten sind.

▶ Visionäre / Leader / Projektmanager:

Viele Gründer, die ich bisher kennen gelernt habe, fallen in diese erste Kategorie. Sie haben das große Ganze vor Augen und die Fähigkeit, andere für ihre eigenen Ziele zu begeistern. Wenn es um die Umsetzung von Strategien geht, rücken sie mit dem Holzhammer an. Für Details ist keine Zeit, und Sprüche wie »Ich weiß nicht wie, aber ich weiß, dass!« oder »Geht nicht, gibt's nicht!« bekommen ihre Teammitglieder immer wieder zu hören. Sie sind beinahe idealistisch kompromisslos und profitieren von einem starken Team, das sie herausfordert und ergänzt.

▶ Techies / Entwickler:

Sie sind die Geeks im Team. Wenn sie nicht gerade Minecraft spielen, hacken sie scheinbar unzusammenhängende Zahlen- und Buchstabenkombinationen in die Matrix hinein. Sie verstehen das Produkt wie niemand sonst, das Problem ist nur: Sie halten die Vorteile für so eindeutig, dass sie sie nicht vermitteln können. Ohne sie gäbe es kein Produkt – wären sie ohne Team, würde es sich nie verkaufen und letztlich als Open-Source-Lösung irgendwo im Netz landen.

▶ Designer:

Auch dieser Charakter lässt sich häufig in Gründungsteams finden. Sie sind die Schöngeister, die Künstler des Teams. Egal ob in digitaler oder analoger Form, ihr Auge für Schönheit macht das Produkt für ein breites Publikum erst interessant und benutzbar. Eine enge Zusammenarbeit zwischen ihnen und den Entwicklern ist essenziell für jede erfolgreiche Produktinnovation.

▶ Marketer / Sales-People:

Wenn der Preis stimmt, würden sie sogar ihre Großmutter verkaufen. Sie sind die Verkaufstalente des Teams und bringen das Produkt unter die Leute. Sie verstehen den Markt und die Kundenwünsche. Besonders diese Kenntnisse sind in der Gründungsphase unerlässlich – Sales-Personal kann auch später angeheuert werden.

▶ Buchhalter / Finance-People:

Früher oder später benötigt jedes Team auch Zahlen-
verwalter. Obwohl immer mehr Gründer gerade die Buch-
haltung zu externen Dienstleistern auslagern, ist
jemand, der die Zahlungsströme versteht, im Kernteam
sehr zu empfehlen. Manchmal wird diese Rolle indirekt
von Financiers (wie dem Venture Capitalist) übernom-
men. Sie wachen darüber, dass Einnahmen und Ausgaben
ausbalanciert sind oder in der Wachstumsphase zumindest die prognostizierten Ziele erreicht werden.

▶ Administrator / Office-Manager:

Sie sind die Leute fürs Detail. Dieser Charakter darf
in keinem Kernteam fehlen. Während Visionäre die
langfristige Strategie im Auge haben und Techies sich
um die Weiterentwicklung des Produkts kümmern, sollte
es jemanden geben, der die täglich anstehenden Aufgaben im Blick hat. Es ist essenziell, das Tagesgeschäft nicht ständig selbst überwachen zu müssen,
sondern sich auf das Wachstum des gesamten Unternehmens konzentrieren zu können.

▶ Graue Wölfe:

Eher später als früher kommt auch »der graue Wolf«
mit ins Spiel. Er hat einen großen Erfahrungsschatz
sowie ein dichtes Netzwerk aufgebaut, mit denen er
das Team unterstützt. Deshalb ist der graue Wolf aber
noch nicht unbedingt die beste Führungspersönlichkeit
für das Team: Viel Erfahrung heißt noch lange nicht,
Menschen erfolgreich führen zu können. Eine enge
Zusammenarbeit mit dem Führungsteam ist sehr sinnvoll.

Diese Charaktere finden sich in vielen Kernteams und
manchmal auch unter den Cofoundern. Nicht alle müssen zu
Beginn mit an Bord sein, sondern können je nach den Bedürfnissen des Unternehmens nach und nach dazustoßen.

MENTOR UND MENTEE

Neben den Mitbegründern und dem Kernteam gibt es noch eine weitere zentrale Rolle, die du besetzen solltest: die des Mentors. Die Mentor-Mentee-Kultur ist hierzulande nicht sonderlich ausgeprägt, das mindert ihre Sinnhaftigkeit aber nicht. Mentoren sollten ihren Mentees auf dem Weg zur Gründung und darüber hinaus auf persönlicher Ebene zur Seite stehen. Die Aufgaben des Mentors sind vielfältig und in jeder Mentor-Mentee-Konstellation einzigartig.

Wichtig ist, dass beide Parteien gleich zu Beginn abstecken, was sie sich von der Zusammenarbeit erhoffen und wie diese aussehen soll. Über folgende Punkte sollte einleitend gesprochen werden:
▶ Regelmäßigkeit der Treffen,
▶ zeitliche Verfügbarkeit des Mentors,
▶ Art der Kommunikation (Telefon, E-Mail, direkter Austausch),
▶ Grad der persönlichen Involvierung (in Verbindung mit der Ausgangsbeziehung beider Parteien),
▶ welche Aufgaben der Mentor übernehmen soll,
▶ was der Mentor im Gegenzug vom Mentee erwarten kann.

Auch über den eigenen Wert, den du mit an den Tisch bringst, solltest du dir als Mentee im Klaren sein. Diesen solltest du dem Mentor kurz und präzise vermitteln können. Egal ob der Wert emotionaler Natur ist oder einer knallharten Businesslogik folgt – du musst überzeugen! Nun ist es ja so, dass häufig zu Beginn kein wirklicher »geldwerter« Vorteil geboten werden kann. Aber gerade der emotionale Wert einer Invol-

Der emotionale Faktor spielt bei der Beteiligung des Mentors eine entscheidende Rolle.

vierung in die »dynamische und aufregende Kultur des Unternehmergeists« ist nicht zu unterschätzen. Oft haben Mentoren aus der Businesswelt ganz einfach das Bedürfnis, ihre Weisheiten zu teilen, und freuen sich darüber, für eine solche Rolle in Betracht gezogen zu werden. Außerdem können der Glaube an den Gründer und die Geschäftsidee sowie die Option auf zukünftige Businesspartnerschaften große Motivatoren sein.

Auf starken Schultern

Prinzipiell sollten Mentoren durch ihre Erfahrung dem Mentee helfen, Fehler zu vermeiden, und ihm durch seine Einsichten einen Wissensvorsprung verschaffen.

Hierfür muss der Mentor nicht unbedingt viel älter sein als der Mentee - dies ist oft ein großer Irrglaube, da leider häufig Glaubwürdigkeit von Dienstzeiten und nicht Erfolgen abgeleitet wird. Tatsächlich kommt es jedoch nur darauf an, jemanden zu finden, der »den Weg bereits beschritten« und Einsichten gewonnen hat, mit denen er dem Mentee behilflich sein kann.

TILL STEINMAIER: »Anfangs verspürt man vielleicht gewisse Hemmungen, mit noch unfertigen Ideen auf Mentoren zuzugehen. Aber gerade zu Beginn ist das besonders wichtig. Meetings mit Mentoren können auch Produktivität ins Team bringen, wenn es sonst wenige echte Deadlines gibt.«

KONKRETE AUFGABEN DES MENTORS KÖNNEN SEIN:

▶ das eigene Netzwerk zur Verfügung zu stellen;
▶ persönliche Kontakte zwischen dem Entrepreneur und Schlüsselakteuren herzustellen;
▶ als erste Instanz Businesspläne, Konzeptpapiere sowie Strategiekonzepte gegenzulesen, zu evaluieren und zu besprechen;
▶ als Referenz für Financiers und Kunden zu agieren, die sich eine zusätzliche Meinung über den Mentee und dessen Projekt einholen wollen.

Wie genau die Mentor-Mentee-Beziehung aussieht, liegt bei den Beteiligten selbst. Zu beachten ist jedoch, dass der Mentor in keine »Ja-Sager-Mentalität« verfallen darf, auch wenn er für alle Belange ein offenes Ohr hat und zusammen mit dem Cofounder den ersten Ansprechpartner des Entrepreneurs darstellt.

Die wichtigste Aufgabe eines Mentors ist es, die Ideen und Konzepte des Gründers herauszufordern.

Eine konstruktiv-kritische Grundhaltung des Mentors stellt sicher, dass Konzepte ausgereift und von allen möglichen Seiten durchdacht sind. Wenn er der »Challenge« des wohlwollenden Mentors nicht standhält, hat er vor feindseligen Kunden und dämonischen Financiers erst recht keine Chance.

Das Mentoren-Board

Das Mentoren-Board steht dem gesamten Team zur Verfügung und vereint letztlich auf einer institutionellen Ebene die gleichen Eigenschaften und Aufgaben wie der Mentor. Durch die größere Anzahl an Personen (zwischen drei und fünf bei Gründung) wird jedoch eine höhere Spezialisierung der Mitglieder ermöglicht. Diese müssen nicht von der Gründung bis zur Liquidierung erhalten bleiben, sondern können je nach Bedürfnissen der Gründungs- und Wachstumsphase ausgewechselt werden.

Hier können auch Mitglieder von Interessensgruppen des Start-ups, wie Financiers, Kunden oder Experten der zu vermarktenden Technologie, Platz nehmen. Dies ermöglicht einen ausgeprägt kollaborativen Businessansatz, der Kundenbedürfnisse sowie potenzielle Gefahren frühzeitig erkennen und kostspielige Produktfehler vermeiden lässt.

Verabschiede dich lieber grundsätzlich vom Gedanken, dass ein Unternehmen »intern« aufgebaut wird und im Anschluss geschlossen auf die Kunden losgeht. Der Austausch mit den verschiedenen Interessensgruppen ist essenziell und das Mentoren-Board bietet hierfür eine ausgezeichnete Möglichkeit.

Bevor das Board ausgestattet wird und du in tiefgründige Gespräche mit dem persönlichen Mentor eintauchen kannst, muss zunächst ein Mentor gefunden werden. Der erste Anlaufpunkt bei der Suche nach geeigneten Mentoren ist das eigene persönliche Netzwerk.

Auf der Suche nach Mentoren

Neben Freunden und Familie kann die Alma Mater einen hervorragenden Pool an potenziellen Mentoren bieten. Ehemalige oder aktuelle Professoren können hilfreiche Einsichten sowohl professioneller als auch persönlicher Natur bieten. Auch wenn das Professoren-Studenten-Verhältnis an hiesigen Hochschulen bisher meist eher stiefmütterlich ist, bahnt sich diesbezüglich in der »neuesten« Generation von Dozenten eine Veränderung an. Einfach einen Termin am Lehrstuhl ausmachen und fragen!

Darüber hinaus können ehemalige Kollegen, Chefs oder sogar Kunden vielversprechende Kandidaten abgeben. Dies ist nur ein Grund, warum es sinnvoll sein kann, Kontakte aus vergangenen Arbeitsverhältnissen im Auge zu behalten.

Mit kreativen Ansätzen kannst du praktisch jeden zu einem wertvollen Mentor machen – sogar einen CEO. Generell solltest du aber beachten, dass zwischen Seniorität und Verfügbarkeit ein inverses Verhältnis besteht: Je höher ein Mentor in der Hierarchie eines Unternehmens sitzt, desto weniger Zeit kann er wahrscheinlich für den Austausch mit dir als Mentee aufbringen.

Allerdings kann er aufgrund seines reichhaltigen Erfahrungsschatzes hilfreichere Ratschläge in kürzerer Zeit geben, als dies ein »Newcomer« in der dreifachen Zeit vermag. Was dir wichtiger ist und wo du deinen Mentor auf der Linie zwischen Seniorität und Verfügbarkeit ansiedeln möchtest, ist dir selbst überlassen.

Gerade wenn es um das Mentoren-Board geht, lohnt es sich, eventuell auch über das eigene Netzwerk hinaus zu schauen und neue Kontakte in diesem spezifischen Kontext ausfindig zu machen. Hierfür – und bei jeder Kontaktaufnahme mit potenziellen Partnern – sollte sichergestellt werden, dass diesen Kontakten Informationen zur

Das Internet dient als digitale Visitenkarte – alle relevanten Informationen sollten leicht zu finden sein!

Person und zum Werdegang zur Verfügung stehen. Ob eine eigene Homepage, in sozialen oder professionellen Netzwerken, oder als Reiter auf der Firmenhomepage - irgendwo im Netz sollten alle relevanten Informationen jederzeit abrufbar sein.

Wenn du an das eigene Projekt glaubst und mit Leidenschaft vor potenzielle Mentoren trittst, steht einer erfolgreichen Partnerschaft nichts mehr im Wege.

Das perfekte Team

Für meinen ersten Auftraggeber als Ghostwriter gab es »zwei Sorten von Menschen: Problemmacher und Problemlöser«. Mit dieser Aussage drückte er die komplexe Welt der Human Resources in zwar sehr reduzierten, aber äußerst treffenden Termini aus. Der Unterschied zwischen Problemmachern und -lösern ist meines Erachtens aber keine vorprogrammierte Charaktersubstanz, sondern eine Mischung aus Motivation und Kompetenz – sprich: Problemmacher können zu Problemlösern werden.

Während Problemmacher bei einer gestellten Aufgabe an die potenziellen Hindernisse denken und Gründe für ihre Unüberwindbarkeit präsentieren (meistens beginnen diese Sätze mit »aber«), bleiben Problemlöser nicht an diesem Punkt stehen. Sie denken über die Hindernisse hinaus und suchen - bereits bevor er sich zum ersten Mal äußert - nach Möglichkeiten, diese zu überwinden.

Dieser zusätzliche Schritt, den die einen meiden und die anderen gehen, kann mit Hilfe des Teams beeinflusst werden.

TILL STEINMAIER: »Durch die Arbeit im Team habe ich mich selbst besser kennen gelernt. Ich habe beispielsweise festgestellt, dass ich im Team viel besser funktioniere als alleine. Klar gibt es Aufgaben, die man besser in Ruhe erledigen kann, aber auf die Dauer brauche ich Sparringspartner. Am liebsten habe ich viele Kollegen um mich, mit denen ich mich austauschen kann und mit denen es auch möglich ist, sich gegenseitig zu pushen.«

Jedes Team ist eine individuelle Komposition aus verschiedenen Charakteren mit einzigartigen Fähigkeiten, Wünschen und Vorstellungen darüber, wie Business zu betreiben ist. Aus diesen einzelnen Elementen ergeben sich Dynamiken, Synergien und Funktionalitäten, die nicht vorhersehbar sind, die du jedoch erkennen und steuern lernen solltest. Um dies sicherzustellen, achte bereits bei der Auswahl des Kernteams auf folgende fünf Charakteristika, die zwar keinen Erfolg garantieren, deren Abwesenheit jedoch einen Misserfolg deutlich wahrscheinlicher macht.

▶ KOMPETENZ ▶ LEIDENSCHAFT ▶ BINDUNG
▶ ENGAGEMENT ▶ VIELFALT

KOMPETENZ

An erster Stelle steht natürlich die fachliche Eignung der Teammitglieder. Ob diese nun auf Technologiewissen oder Businesserfahrung beruht, hängt vom jeweiligen Geschäftskonzept ab. Ebenso entscheidet die Rolle, die ein Mitglied im Kernteam übernehmen soll, über die notwendige Kompetenz.

Only A-people hire A-people!

Die Logik hinter dem Tipp beschreibt die Eigenschaft von höchst kompetenten Menschen, sich mit ihresgleichen zu umgeben. Sie schätzen den Austausch auf dieser anspruchsvollen Ebene und lieben es, herausgefordert zu werden. Weniger kompetente Menschen (»B-people«) jedoch haben die Tendenz, aus Angst ersetzt oder verdrängt zu werden, Menschen einzustellen, die noch weniger kompetent sind als sie (»C-people«).

Damit kommt aber weder das Unternehmen noch der Entrepreneur weiter. Außerdem musst du dir als Gründer hierüber - dank einem der Vorzüge des Unternehmertums - gar keine Gedanken machen: Wenn du es nicht willst, kann dich gar niemand ersetzen.

<u>JAMES ROPER:</u> »Als ich mein erstes Start-up gegründet habe, war ich nicht alleine – acht andere Studenten meines Alters waren im selben Boot wie ich. Bevor ich diese Gleichgesinnten getroffen habe, war ich aber umgeben von Kommilitonen, die daran zweifelten, ob meine Idee funktionieren könnte. Das hat sich extrem negativ auf meine Zuversicht ausgewirkt. Aber als ich begann, mich mit optimistischeren Menschen zu umgeben, die den unternehmerischen Geist lebten, konnte ich schnell eine positive Veränderung in mir selbst feststellen. Wenn du also selbst ein erfolgreicher Unternehmer sein möchtest, solltest du anfangen, dich mit Menschen zu umgeben, die in diesem Geist leben.«

LEIDENSCHAFT

Eine gemeinsame Leidenschaft für das Unternehmen und die Ziele, die sich das Kernteam gesteckt hat, ist unerlässlich für jede funktionierende Geschäftsbeziehung. Nur wenn diese vorhanden und gleichermaßen stark ausgeprägt ist, spielen sich Arbeitsabläufe und -verteilungen wie von selbst ein. Im Vergleich mit einer romantischen Beziehung würde sich dies wohl so übersetzen lassen: »Einseitige Liebe muss auf Dauer sterben.«

Gerade die Anfänge eines Start-ups können äußerst kräftezehrend sein. Viele Nächte lang abgelehnte Businesspläne zu modifizieren, explodierte Prototypen zu reparieren oder abgeschmierte Websites zu relaunchen verlangt dem Kernteam ein hohes Maß an Ausdauer und Beharrlichkeit ab. Um dies mit dem Gründer durchzustehen, sollte das Team eine ebenso große Leidenschaft für das gemeinsame Projekt in sich tragen wie der Entrepreneur selbst.

BINDUNG

Ein weiteres Charakteristikum, das ein vielversprechendes Team mitbringen sollte, ist eine große Bindung zum gemeinsamen Projekt. Alle Teammitglieder sollten dem Porjekt eine ähnlich große Wichtigkeit beimessen. Es sollte auch ein Konsens über abzubrechende Brücken bestehen. Auch wenn ich kein Paartherapeut bin, so bietet sich auch hier ein Ratschlag aus der Beziehungswelt: »Nur wenn beide Partner ähnliche Vorstellungen von der Ernsthaftigkeit der Beziehung haben, kann diese langfristig funktionieren.«

Die Investition in die ersten Büroräumlichkeiten zum Beispiel ist ein ernsthafter Schritt und lässt sich gut mit der »ersten gemeinsamen Wohnung« vergleichen - wer bekommt da nicht kalte Füße? Daher ist es wichtig, die grundlegenden Vorstellungen vor einer Geschäftspartnerschaft gemeinsam auszuloten. Auch wenn ich nichts von Ultimaten und ausgeübtem Druck halte: Der Wille, sich zu binden, kann in diesem Zusammenhang durchaus eine notwendige Bedingung für die gemeinsame Kooperation sein, die du als Gründer an deine potenziellen Partner stellst.

ENGAGEMENT

Weiterhin sollte das Team bereit sein, einen hohen Arbeitseinsatz zu bringen, der sich von dem des Unternehmers nicht wesentlich unterscheidet. Diese Eigenschaft ist wohl eine der selbstverständlichsten, oft aber schwer im Voraus abzuschätzen. Hierzu lohnt es sich - wie bereits zuvor erwähnt - mit Menschen eine Kooperation anzustreben, mit denen du bereits zuvor zusammengearbeitet hast.

Das Team sollte jedoch davon absehen, dieses Engagement zeitlich erfassen und vergleichen zu wollen. Gerade für eine Neugründung ist dies wenig sinnvoll, und auch für das Arbeitsklima hat eine solche Vorgehensweise nichts Gutes zu bedeuten:

Die Leidenschaft der Teammitglieder und ihr Wille zur Bindung sollten ausreichen, um in einer kreativen und gelösten Atmosphäre dem hohen Arbeitsaufwand entspannt entgegenzutreten. Eine quantitative Erfassung des Engagements und die damit implizierte Kontrollausübung stört diese Gelassenheit und nimmt die Grundlage jeden kreativen sowie produktiven Fortschritts. Auf der anderen Seite sollte es ein Warnsignal sein, wenn solche Maßnahmen notwendig werden.

VIELFALT

Vielfalt ist ein Charakteristikum, das jedes Team erfüllen sollte. Je vielfältiger die Teammitglieder in fachlichem und persönlichem Hintergrund sind – zum Beispiel aufgrund ihres unterschiedlichen Geschlechts und verschiedener ethnischer Herkunft –, desto größer ist das Spektrum an Ideen, Lösungen und Herangehensweisen. Hiervon kann jeder Unternehmer nur profitieren.

Gerade in Deutschland haben wir in Sachen Vielfalt noch einiges aufzuholen, und vielleicht ist dies eine der Eigenschaften, die den USA schon früh einen so großen Vorsprung in der ökonomischen Entwicklung verschafft haben. Zentren der Innovation, wie Los Angeles in der Unterhaltung oder das Silicon Valley in der Technologie, ziehen Menschen aus allen Winkeln dieser Erde an und mit ihnen neue Ansätze, Ideen und Fähigkeiten.

Vielfalt führt zu einem großen Spektrum an Ideen und Lösungsansätzen.

Schaffst du es, dein Projekt zu einer solchen Pilgerstätte der Talente werden zu lassen, hast du bereits einen großen Vorsprung gegenüber deiner durchschnittsdeutschen Konkurrenz.

Auch hier gilt es jedoch, nicht über das Ziel hinauszuschießen und abzuwägen: Sind sich die Teammitglieder nämlich zu unähnlich in ihren grundlegenden Werten und Weltansichten, kann dies zu großen Komplikationen führen. Divergierende Vorstellungen von Arbeitsethik und selbst »Kleinigkeiten« wie Pünktlichkeit können ganze Teams und Projekte sprengen.

Wenn diese fünf Charakteristika die Auswahl des Teams beeinflussen, können sie die Arbeit im Team wesentlich verbessern. Wenn es aber darum geht, als Team erfolgreich zu werden und vor allem erfolgreich zu bleiben, kommt keiner am Herzstück jeder Kooperation vorbei: der Teamkultur.

Kultur ent- scheidet!

Auch wenn jeder Platz im Team optimal besetzt ist – das Zusammenspiel muss stimmen. Die Teamkultur beschreibt grundlegende Werte, Annahmen und Einstellungen des Teams, die sich aus Interaktion, Vermischung und Verdrängung der kollektiven individuellen Werte, Annahmen und Einstellungen ergeben. Sie beeinflussen, wie das Team arbeitet und was im Unternehmensumfeld als »soziale Norm« gilt. Eine gute Teamkultur ist essenziell für gute Arbeit.

Von studentischen Teams bis hin zu High-Performance-Unternehmen, wie im Consulting oder Investmentbanking -, wie kann trotz hoher Personalfluktuation eine konstante Leistung erbracht werden?

Meine Antwort: Corporate Culture - die Teamkultur. Diese Corporate Culture wurde von zahlreichen Wirtschaftswissenschaftern definiert, analysiert und besprochen. Fast alle kommen früher oder später auf einen Eisberg zu sprechen, der sinnbildlich für diese Thematik steht. Wenige »konkrete Elemente« (oft nur 20 %) sind zu sehen, die Mehrheit aber (80 %) liegt im Verborgenen unter der Oberfläche - und bringt die Titanic letztlich zum Sinken.

Obwohl einiges an Wahrheit in diesem Bild steckt, drückt es doch die weitverbreitete Annahme aus, Teamkultur sei etwas »Schwammiges«, nicht wirklich greifbar und auf keinen Fall zu steuern. Dem widerspreche ich in aller Härte und im Folgenden möchte ich Ansätze präsentieren, die mein Geschäftspartner und ich im Zusammenhang mit der Mannheim Business Consulting entwickelt haben. Ich glaube, dass ein Grundverständnis hierüber dir nicht nur unglaublich viel Ärger, Zeitverluste sowie Kosten ersparen kann, sondern fundamental in deiner Rolle als Führungspersönlichkeit weiterhilft.

Was ist dem Team wichtig? Die Kultur, die ein Team annimmt, drückt sich auf verschiedenen Ebenen aus: Auf einer übergeordneten Ebene stellt sie dar, was dem Team wichtig ist, worauf hingearbeitet wird und was als Mission oder Vision erachtet wird. Dies kann etwas Generelles wie »höchste Produktivität« und »Erfolg« oder etwas Spezielles wie »Innovation« sein.

Eine weitere Ebene ist die tägliche Arbeitsebene, in der sich die Kultur in Perfektion, Schnelligkeit oder Zuverlässigkeit ausdrücken kann. Zusätzlich hierzu existiert die Ebene des Miteinanders, auf der die Kultur festlegt, ob das »Klima« zum Beispiel von Offenheit, Wertschätzung und Sachlichkeit geprägt ist.

Es ist äußerst wichtig, sich darüber im Klaren zu sein, welche Kultur das eigene Team vertritt, und festzustellen, ob diese mit den eigenen Zielen und denen des Projekts übereinstimmt. Besonders erfolgreiche Unternehmen, wie beispielsweise Google, haben sehr eigene Kulturen, die sich in der Struktur der Hierarchien, aber auch des täglichen Miteinanders und dem Führungsstil ausdrücken und ihre Arbeitsweise definieren.

Dieser Zusammenhang zwischen Kultur und operativem Business ist im folgenden Modell als »verstärkende Antriebskraft« im Inneren der Organisation beschrieben - dem Triple Drive (siehe Abbildung 1).

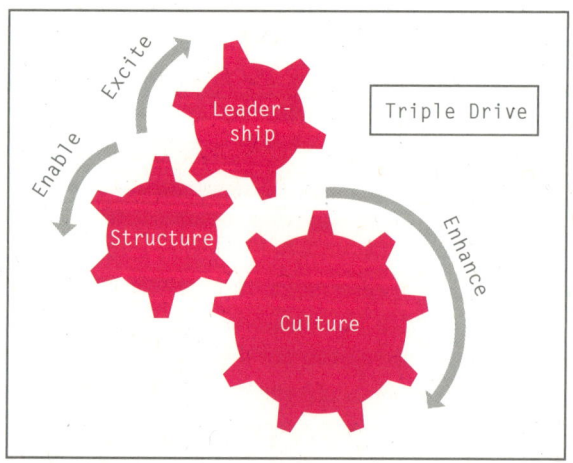

▼ Abbildung 1: Triple Drive
(Quelle: Mannheim Business Consulting)

Die Grundannahme ist die folgende: Die Führung (leadership), in unserem Fall du als Gründer, gibt den Anreiz (excite) in die Richtung, die du für dein Start-up vorgesehen hast – beispielsweise die Strategie. Um diese optimal umsetzen zu können, benötigst

Excite, enable, enhance.

du eine Struktur (structure), die den impliziten Zielen entspricht und die die zugrundeliegende Strategie unterstützt (enable). Die Kultur (culture) ist es aber letztlich, was deiner Struktur und Strategie Leben einhaucht, den Erfolg damit vergrößert (enhance) und in den täglichen Arbeitsablauf überträgt. Denn jeder einzelne Mitarbeiter der Organisation trägt wesentlich zum Erreichen der gemeinsamen Ziele bei.

Dies ist eine sehr knappe Vorstellung eines Konzepts, das für größere Unternehmen entwickelt wurde. Für den Entrepreneur setzt der Triple Drive die Kultur des Teams jedoch in einen entsprechenden Rahmen und soll ihre tragende Rolle verdeutlichen. Ein Anwendungsbeispiel wäre, die Kultur zu nutzen, um das oben genannte Dilemma zwischen Vielfalt und uneinheitlichen Werten zu lösen.

Dies impliziert, dass sich Kultur verändern und steuern lässt. Das führt mich zu einem zweiten Modell, das ebenfalls im Rahmen der MBC entwickelt wurde: das dynamische Modell der

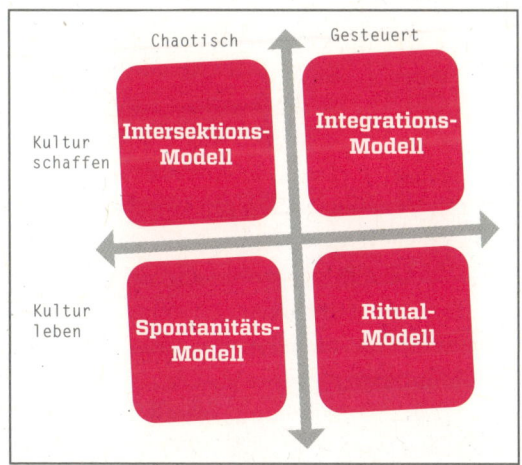

▼ Abbildung 2: Das dynamische Modell der Unternehmenskultur
(Quelle: Mannheim Business Consulting)

Unternehmenskultur. Eine tief verwurzelte Zwangsneurose der Wirtschaftswissenschaftler ist es, komplexe Zusammenhänge in eine 2x2 Matrix zu quetschen - und da wir sehr standesbewusst sind, wollten wir mit dieser langen Tradition nicht brechen (siehe Abbildung 2).

Die Matrix beschreibt auf sehr anschauliche Art und Weise, worauf du dich vorbereiten und wie du mit den einzelnen Teamdynamiken umgehen solltest. Kultur entsteht auf zwei grundsätzlich unterschiedlichen Wegen und sollte entsprechend unterschiedlich gehandhabt werden, um lebendig zu bleiben: Die Entstehungsweise kann entweder »chaotisch« oder »gesteuert« sein. Gerade wenn sich ein Team neu gebildet hat und damit alle Mitglieder frisch aufeinander treffen, bildet sich die Kultur häufig aus der gemeinsamen Schnittstelle aller Beteiligten (Intersektion). Das Resultat lässt sich nicht vorhersagen und hat somit keinerlei Bindung an eine eventuell zuvor geplante Strategie des Gründers. Stattdessen ergeben sich Ziele, Vision, Mission und Strategie aus der resultierenden »chaotischen« Kultur.

Das Gegenstück hierzu stellt die »gesteuerte« Bildung dar. Ein bereits existierendes Team mit einer inhärenten Kultur nimmt neue Mitglieder auf, die sich in diese Kultur integrieren müssen (Integration) und die Strategie übernehmen. Auch bei Neugründung hat der Unternehmer die Möglichkeit die entstehende Kultur zu steuern, indem er entweder ein Mitglied nach dem anderen aufnimmt und auf seine Ziele sowie Strategie einstimmt, oder aber so maßgeblich und präsent als Führungsperson auftritt, dass die neuen Teammitglieder die von ihm gelebte Kultur übernehmen.

Arbeitskultur kann sich chaotisch oder gesteuert bilden.

Welche Auswirkungen haben die verschiedenen Bildungsarten auf das »am Leben erhalten« der jeweiligen Kultur? Eine chaotisch gebildete Kultur beruht sehr auf spontanen Aktivitäten, die von einzelnen Mitgliedern eingebracht werden. Manche werden angenommen, manche abgelehnt - je nachdem, wie sehr sie in die jeweilige Kultur passen. Dies können zum Beispiel interne Wettbewerbe und sportliche Aktivitäten, aber auch gemeinsame After-Work-Events sein, wie die »Pub-Mentalität« in britischen Unternehmen: Egal wie viele Überstunden an einem Tag fällig waren - es ist immer Zeit für ein Pint im Pub.

Gesteuerte Kulturen stützen sich auf Rituale und Traditionen, die sich jährlich, monatlich oder gar wöchentlich wiederholen: Fortbildungen verbunden mit Ausflügen in die Weinberge oder die Teilnahme an Produktpräsentationen. Um dein Team zusammenzuhalten und die gelebte Kultur frisch und für alle sichtbar zu gestalten, helfen dir folgende Elemente.

▶ Schriftliche Dokumente
▶ Events
▶ Kommunikation

SCHRIFTLICHE DOKUMENTE Interne sowie externe schriftliche Dokumente stellen einen expliziten Ausdruck der gelebten Kultur dar. Hierzu gehören unter anderem der Verhaltenskodex, der die ethischen Verständnisse des Unternehmens im Geschäftsalltag beschreibt, sowie die formulierte Vision und Mission, die das Selbstverständnis des Unternehmens sowie seine langfristigen Ziele offenlegen.

EVENTS Bereits erwähnte geplante oder spontane Events sind wichtig, um zum sogenannten »Teambuilding« beizutragen, aber auch zur Auffrischung der eigenen Werte. Auch nicht-schriftlich festgehaltene Zeugnisse der Teamkultur wie Geschichten vom Meistern großer Hürden der Vergangenheit sind wichtige Elemente. Sie können besonders neue Mitglieder im Team auf die Kultur einstimmen und sich noch dazu positiv auf die Motivation auswirken.

KOMMUNIKATION Ein weiterer Punkt, über dessen Auswirkung Unternehmer sich stets bewusst sein sollten, ist die alltägliche Kommunikation im Unternehmen. Diese kann sowohl verbal - beispielsweise durch die Anrede - als auch nonverbal - durch den geforderten Dresscode - spezifiziert werden. Weitere Elemente sind Symbole wie das Firmenlogo, Gesten und sogar Begrüßungen sowie Verabschiedungen im Firmenkontext.

Poten- zielle Fall- stricke

Die meisten Faktoren, an denen Teams scheitern, liegen bei der Führung und können auch nur dort behoben werden. Probleme wie das Fehlen einer gemeinsamen Vision, unkoordinierte Aufgabenverteilung und Vertrauensverlust finden sich immer wieder unter den Saboteuren. Eine starke und in die Struktur fest eingebettete Teamkultur kann diese Probleme beheben.

In Teams mit besonders hoher persönlicher Bindung zueinander kann es zu Herdenverhalten kommen. Dieses äußert sich dadurch, dass kein Teammitglied von der gemeinsamen Meinung abweichen möchte. Unter bestimmten Umständen kann eine solche Abweichung sogar dazu führen, dass das Teammitglied den Ausschluss aus dem sozialen Kern des Teams riskiert. Dieses Verhalten führt zu äußerst schlechten Entscheidungsfindungen, da Ideen nicht mehr hinterfragt und keine Vorschläge gemacht werden, die den Status quo gefährden.

HERDENTRIEB ALS BREMSE

Ein Team, das dem Herdenverhalten zum Opfer gefallen ist, hat keinen produktiven Wert mehr. Es fehlen zusätzliche Blickwinkel, die sich der Unternehmer durch mehrere Individuen erhofft hatte, und offensichtliche Schwachpunkte präsentierter Ansätze werden nicht angesprochen oder gar verdrängt.

Eine solche verfahrene Situation ist schwer zu lösen und kann das Team gar gegen dich aufbringen, solltest du versuchen, dagegen vorzugehen. Daher sollte von Ansätzen, welche die persönliche oder emotionale Ebene betreffen, abgesehen werden. Stattdessen kannst du dir hier strukturell helfen: Eine Möglichkeit ist, gezielt eine Person oder Untergruppe zu bestimmen, deren Aufgabe es ist, die Vorschläge der anderen Gruppe auseinander zu nehmen. Wenn diese Person oder Gruppe regelmäßig ausgetauscht wird, kann sich das Team so langsam aus dem Herdensumpf herausbewegen.

Eine weitere Möglichkeit ist, die Vorschläge zu anonymisieren und einzeln entgegenzunehmen. Anschließend können diese präsentiert und gezielt auf Stärken und Schwächen geprüft werden.

DIE RICHTIGEN LEUTE ZUR FALSCHEN ZEIT

Wie bereits kurz erwähnt, ist es sinnvoll, gewisse Rollen im Team zu gewissen Zeiten zu besetzen. Besonders erfahrene Personen sollten nicht unbedingt zu Beginn der Gründungsphase in das Gründungsteam mit aufgenommen werden. Oft sind sie es gewohnt, bereits existierende Strukturen zu verbessern, Prozesse zu optimieren oder in neue Märkte zu expandieren.

Werden sie zu früh mit einbezogen, stellt dies nicht nur eine sehr frühe Kostenbelastung (ein großer Erfahrungsschatz ist selbstverständlich teurer), sondern auch eine Verschwendung ihres Potenzials dar. Demotivation und Produktivitätsverlust können die Folge sein.

Dies ist ebenso auf andere Rollen anzuwenden, und du solltest die Option, Personen später auf gewisse Rollen zu setzen, stets im Hinterkopf behalten. Prinzipiell laufen die gewünschten Kandidaten nicht weg. Und falls doch: Ein erfolgreiches Projekt mit großen Wachstumschancen wirkt wahre Wunder, wenn es um Verfügbarkeit von Humankapital geht - genau genommen bei jeder Art von Kapital!

SOZIALE HIERARCHIEN

Ein Phänomen ähnlich dem Herdendenken ist die Tendenz mancher Teams, Ideen und Ansätze nicht nach objektiven Kriterien zu beurteilen, sondern basierend auf der sozialen Stellung des Vorschlagenden im Team.

Es ist wohl nicht notwendig, zu erklären, warum hier ebenfalls äußerst schlechte Entscheidungen und Ansätze zu erwarten sind. Um dies zu lösen, kannst du dich der Ansätze gegen das Herdenverhalten bedienen oder, falls es sich um das Problem eines »Aussätzigen« im Team handelt, die in Ungnade gefallene Person gezielt reintegrieren. Am besten ist dies möglich, indem du dir die Unterstützung des »Hierarchieobersten« im sozialen Gefüge sicherst und diesen die soziale Rehabilitation des »Aussätzigen« übernehmen lässt.

UNAUSGEGLICHENE KOMPETENZEN

Oft kommt es vor, dass sich Gründer beim Besetzen ihrer Teamrollen zu sehr auf die eigenen Kompetenzen sowie den eigenen fachlichen Hintergrund konzentrieren. Hier kennen sie sich aus und können die Fertigkeiten anderer besser beurteilen. Andere Felder werden oft vernachlässigt und ihre Wichtigkeit trivialisiert.

Das Resultat sind Gründerteams voller Techie-Geeks oder Banden von Sales-Haien, deren Unternehmen und Produkte es niemals auf den Markt schaffen werden, geschweige denn im Markt bestehen können. Gerade hier können Mentoren tote Winkel in der Wahrnehmung von Kompetenzlücken aufdecken und eventuell sogar bei der Einschätzung vielversprechender Kandidaten helfen.

SCHNÄPPCHEN AUF DEM ARBEITSMARKT

Es ist verführerisch, gerade bei den ersten Anstellungen nicht zu viel Geld zu investieren. Eine weniger gut ausgebildete Arbeitskraft wird doch die jeweilige simple Aufgabe ausreichend erledigen können? Falsch gedacht: Egal ob es sich um ein Unternehmen der Serviceindustrie, Gastronomie oder um die Herstellung eines Produkts handelt: Gerade die ersten Mitarbeiter können zwischen Wachstum und damit Erfolg auf der einen sowie Insolvenz und damit Misserfolg auf der anderen Seite entscheiden.

Ein lausiger Barchef oder Restaurantmanager kann die ersten Kunden vertreiben, die so wichtig für den Aufbau des Rufs sind. Auch ein Office-Manager, der wichtige Termine vertauscht und den Umgang mit Partnern unprofessionell handhabt, kann schnell das Aus für das mühsam aufgebaute Start-up bedeuten.

Später können erfahrenere Mitarbeiter eine gelegentlich gezogene Niete auffangen und intern weiterbilden, aber zu Beginn (genau genommen durch die gesamte Lebenszeit des Unternehmens hinweg) sollten keine Schnäppchen beim Humankapital gemacht werden – es zahlt sich einfach nicht aus.

LAGERHALLE MENTOREN-BOARD

Ein letzter Fallstrick beim Aufstellen und Erhalten des optimalen Teams ist das Überfrachten des Mentoren-Boards. Du solltest dir bei jeder neuen Einladung einer Person in das Board die Aufgaben und die Daseinsberechtigung dessen in Erinnerung rufen. Zu oft kommt es vor, dass mit dem Titel »Mentor« oder »Mitglied des Boards« nur so um sich geschmissen wird. Im Mentoren-Board ist jedoch kein Platz für Individuen ohne wirkliche Aufgabe, und es ist auch kein Depot für spätere potenzielle Investoren oder prestigeträchtige »hohe Tiere« ohne Bezug zum Start-up.

Die Mentoren im Board sollten regelmäßig informiert sowie zu Treffen mit der Geschäftsführung und dem Kernteam eingeladen werden. Der regelmäßige Austausch ist von großer Bedeutung, und das Engagement der Mentoren bestimmt hierbei maßgeblich den Wert der Kooperation. Bei zu vielen Personen schwindet das Verantwortungsbewusstsein gegenüber dem Team und es entsteht ein höherer administrativer Aufwand ohne Gewinn für das Start-up. Deshalb gilt hier – wie für jede Abteilung und das gesamte Unternehmen: lieber schlank halten.

FAZIT Immer wenn es um die menschliche Komponente des Business geht, lernen auch erfahrenste Geschäftsleute nie aus. Je früher du dich mit diesen Komponenten im eigenen Team, aber auch bei Kunden und Partnern auseinandersetzt, desto geringer ist die Wahrscheinlichkeit, eines Tages einer Meuterei zum Opfer zu fallen.

So viel zur Crew, mit der du dich auf die Reise begibst. Aber was wäre eine Reise ohne Plan? Wahrscheinlich immer noch ein ziemlich cooles Erlebnis … naja, als Unternehmer jedenfalls benötigst du für deine Reise einen detaillierten Plan: den Businessplan.

Keine Angst ...

... *VORM*
BUSINESSPLAN!

EINLEITUNG

SPASS UND ZYNISMUS BEISEITE: DER BUSINESSPLAN STELLT ALS ERSTES UMFASSENDES SCHRIFTSTÜCK ZUR GRÜNDUNG EIN ZENTRALES DOKUMENT DAR. AUCH WENN SICH MITTLERWEILE ELEMENTE HERAUSGEBILDET HABEN, DIE IN EINEM »STANDARDBUSINESSPLAN« ENTHALTEN SEIN SOLLTEN, IST ER LETZTLICH NICHTS ANDERES ALS EIN STÜCK PAPIER, AUF DEM DIE ZUKUNFT DES PROJEKTS ABGEBILDET IST. EINIGE WORTE ÜBER DAS ZIEL DES UNTERFANGENS AUF EINE DURCHNÄSSTE BARSERVIETTE GEKRITZELT IST GENAU GENOMMEN EIN BUSINESSPLAN – WENN AUCH KEIN BESONDERS ÜBERZEUGENDER (WOBEI DIES FUNDAMENTAL VON DEN GEKRITZEL-TEN WORTEN ABHÄNGT).

D er Businessplan enthält die konzeptionellen, strategischen und finanziellen Schritte, die du in der nahen Zukunft in Zusammenhang mit der Gründung planst. Daher besteht der Plan grob aus drei Teilen.

▶ Im ersten Teil beschreibst du das Produkt oder den Service, das Team und die Unternehmensstruktur.

▶ Der zweite Teil behandelt den Markt und die Konkurrenz.

▶ Der dritte Teil ist den finanziellen Bedürfnissen und Aussichten gewidmet.

Letztlich ist der Businessplan also eine Zusammenfassung dessen, was du wie und wann zu tun gedenkst.

Die facettenreiche Planlosigkeit

Es gibt gute Planer und schlechte Planer. Menschen, die zwei Wochen im Voraus ihre Mittagessen planen, und Menschen, die dem Planen nichts abgewinnen können. Es gibt die, die viel planen, aber nichts machen, und die, die nicht planen, sondern machen.

I ch zum Beispiel war schon immer ein grandioser Planer. Die meisten meiner Pläne waren stets ausgefeilt, weitsichtig und ... vollkommen irrelevant. So auch mein dreißigseitiger Businessplan zur Sexy Salads GmbH - noch nie davon gehört? Naja, weiter als auf Seite 30 hat es dieses geniale Konzept auch nie geschafft. Anders als Mark Zuckerberg: Er hat nie einen Businessplan geschrieben und ist dennoch Miteigentümer eines 100-Milliarden-Dollar-Unternehmens. Was habe ich damals also falsch gemacht?

Natürlich liegt das Scheitern der Sexy Salads GmbH nicht in der Tatsache begründet, dass ich einen Businessplan geschrieben habe. Dennoch bin ich davon überzeugt, dass nicht jeder einen Businessplan benötigt. Manchmal geht es einfach nur um die Sache an sich. Die Leidenschaft ist oft die größte Motivation überhaupt. Wenn es einfach Spaß macht, das zu tun, was du beherrschst, kann es passieren, dass dich irgendwann jemand dafür bezahlt, nicht damit aufzuhören. Das ist aber nicht die Regel.

WAS DER BUSINESSPLAN KÖNNEN MUSS

Einer der wichtigsten Gründe, einen Businessplan zu erstellen, ist, mit ihm professionelle Geldgeber zu gewinnen. Wenn du für das geplante Projekt jedoch entweder kein Startkapital benötigst oder nicht auf professionelle oder institutionelle Geldgeber wie Banken oder Venture Capitalists zurückgreifen möchtest, ändert dies die Anforderungen an den Businessplan. Weder bist du dazu verpflichtet diesen zu verfassen, noch musst du die Zahlungsströme der nächsten fünf Jahre im Detail vorhersagen können.

KATJA ANDES: »Ein kompletter Businessplan ist aus meiner Sicht für die meisten Ideen nicht nötig. Ich habe auch schon mehrere Businesspläne geschrieben, aber bei den Gründungen, die ich letztendlich umgesetzt habe, bewusst darauf verzichtet. Am besten funktioniert es, eine grobe Kalkulation zu machen und dann direkt umzusetzen, um die Annahmen zu prüfen und echte Erfahrungen zu machen, anstatt bloß mit Tabellenprogrammen zu spielen.«

Auch die Art des Projekts hat Auswirkungen auf den Businessplan. Nehmen wir beispielsweise an, ein Unternehmer entschließt sich dazu, seine Fähigkeiten am Keyboard zu Geld zu machen. Er gründet in seinem eigenen Wohnzimmer eine lokale Musikschule und verteilt Flyer in der Nachbarschaft. Hierfür ist es in aller Regel nicht notwendig, den Service auf fünf Seiten zu beschreiben und den Markt zu segmentieren.

Manche »Just-Do-It«-Puristen führen zusätzliche Einwände, die in der Konzeption des Businessplans begründet liegen, gegen ihn ins Feld. Die meisten Daten sind lediglich Schätzungen und ihre Relevanz für die Zukunft ist fragwürdig. Der Businessplan ist statisch und bildet nur einen kurzen Zeitpunkt ab. Um

Einfach mal

Relevanz zu haben, sollte er also stets erneuert werden. Außerdem: Während der Businessplan verfasst wird, wird Zeit verschwendet, die mit Geldverdienen und Expansion des Unternehmens verbracht werden könnte. Als passionierter Planer kann ich persönlich diesen Gründen jedoch nicht allzu viel abgewinnen.

Eine enge Zusammenarbeit »draußen« im Markt und ein iterativer Verbesserungsprozess führen nicht nur zu größeren Erfolgschancen für das Produkt – auch professionelle Investoren wissen diese Art der Erfahrung zu schätzen.

Wenn es um tatsächliche Produktentwicklungen mit Investitionsbedarf geht, kann kein Plan das Wissen um die Kundenbedürfnisse aus erster Hand ersetzen.

Die meisten Menschen haben eine äußerst schwache Vorstellungskraft – oder: Sie haben selten Lust und noch seltener Zeit sich etwas vorzustellen. Hiervon ist das Produkt des Gründers nicht ausgenommen. Auch der Businessplan kann diesen tragischen Umstand nicht ändern. Das musste ich selbst durch einen langen und harten Lernprozess erfahren. Du solltest dir also überlegen, wie du mit der mangelnden Vorstellungskraft potenzieller Partner umgehst: Wie wäre es mit einem Prototyp?

BEISPIEL *Auch der gewiefteste Businessplan kann die Vorzüge des »Touch and Feel« eines Smartphones nicht beschreiben. Alles, was der Investor auf dem Businessplan sieht, ist ein überteuerter PDA – und dann gibt's noch nicht mal 'nen Stift dazu! Wer die beiden Geräte aber in die Hand nimmt und vergleicht, versteht, warum es clever wäre, dieses alte Konzept im neuen Look mit Abermillionen Dollar zu fördern. Manchmal lohnt es sich also, erst zu entwickeln und dann darüber zu schreiben, falls es überhaupt noch notwendig ist – was im eben genannten Beispiel wohl entfiele.*

Dies sind einige Gründe, warum nicht jeder Unternehmer zu jeder Zeit einen Businessplan im Halfter haben muss. Für mich ist es jedoch generell keine »Businessplan? Ja/Nein«-Entscheidung, sondern eher ein Abwägen gradueller Natur. Verschiedene Unterfangen benötigen verschieden ausgereifte Businesspläne oder gegebenenfalls nur gewisse Teile eines Businessplans. Welche dies sind, kannst du basierend auf deinem Projekt und den im späteren Teil dieses Kapitels aufgeführten Elementen des Businessplans bestimmen.

Bevor ich aber die Gründe für einen Businessplan, die enthaltenen Elemente sowie Best Practices vorstelle (die du keinesfalls überspringen solltest!), möchte ich dir noch zwei Gedanken mitgeben.

▶ Erstens:

Investoren treffen ihre Entscheidung zu investieren meistens aufgrund von günstigen Marktsituationen für das geplante Projekt. Dabei haben gerade die erfolgreichsten Unternehmen unserer Zeit oft in ungünstigen Märkten ihr Glück gesucht und gefunden. Sie waren Game Changer und haben den Markt für sich neu definiert. Warum also solltest du dir etwas vom Markt diktieren lassen?

▶ Und zweitens:

Einen Businessplan zu schreiben, ist ein anstrengendes und zugegeben langweiliges Unterfangen. Ich verstehe also sehr gut, warum unzählige Gründer hiervor zurückschrecken. Wenn alles, was zwischen dir selbst und dem Realisieren deiner Ideen steht, der Businessplan ist, sage ich: Schwamm drüber – vergiss den Businessplan und leg los!

Wozu ein Business- plan?

Ein Businessplan ist für jeden unerlässlich. Das wirklich Erfolgssteigernde an einem Businessplan ist nicht so sehr, ihn zu haben, sondern ihn zu schreiben. Das bestätigt nicht nur die Erfahrung und Logik, die ich hier präsentieren werde, sondern auch eine Studie von Professor William B. Gartner[2] an der Clemson University in South Carolina. Demnach macht das Verfassen eines Businessplans die tatsächliche Aufnahme der Geschäftstätigkeit zweieinhalb Mal wahrscheinlicher.

Der Businessplan stellt einen Fahrplan für die vor dir liegende Reise dar. Ähnlich wie bei einer echten, sollte auch diese Reise geplant sein, um ohne Zwischenfälle und ungewollte Strandungen abzulaufen. Oft hast du das große Endziel im Blick; es ist leicht, sich von dieser Vision blenden zu lassen beziehungsweise Dinge auf dem Weg dahin zu überstürzen. Der Businessplan gibt dir also die Möglichkeit, das Unterfangen Schritt für Schritt und im Detail zu durchdenken.

Es gibt drei Parteien, die von einem Businessplan profitieren: Diese sind:

▶ die Gründer selbst (sie haben den größten Nutzen vom Plan),
▶ das Team (das ebenfalls profitiert),
▶ und letztlich externe Partner wie Berater oder Financiers, die durch den Businessplan gewonnen werden können.

Der Businessplan verwandelt große Herausforderungen in Aufgaben, die nach und nach abgearbeitet werden können und deren Summe letztlich das zu erreichende Ziel ergibt.

BEISPIEL *Das Aufbauen eines Vertriebsnetzes ist eine große Herausforderung. Wie sollst du also, mit nichts anderem als Block, Stift und Telefon, dies bewältigen? Du stellst einen Plan auf und definierst Aufgaben, die zu deinem Ziel führen: »Zehn Händler im Umkreis von 10 km anrufen«, »Termine vereinbaren«, »Menge, Preis, Frequenz und Lieferdatum verhandeln« und so weiter. So wird dir klar, was du in welcher Reihenfolge erledigen solltest, um dem eigenen Ziel näherzukommen.*

Auch wenn der Businessplan nicht diesen Detailgrad wiedergibt, rate ich dazu, so vorzugehen, um schließlich die Eckpfeiler in den Plan zu implementieren. Auf diese Weise können große Fehler direkt zu Beginn vermieden werden. Unternehmer möchten verhindern, dass sie nach größeren Investitionen und ersten Umsetzungsschritten eine Deadline verpassen oder sich nicht für eine notwendige Lizenz qualifizieren. »Day late, dollar short«-Situationen ♦ können so vermieden werden.

♦ *»Day late, dollar short« bezeichnet im amerikanischen Englisch verplante und schlecht vorbereitete Menschen: »Immer einen Tag zu spät, ein Dollar zu wenig in der Tasche«.*

<u>TILL STEINMAIER:</u> »Bei uns gab es zunächst einen recht groben Businessplan. Es war schnell klar, was wir anbieten wollen und wie das Geschäftsmodell aussehen soll. Aber weil alle sonstigen Zahlen nur geschätzt sein konnten, haben wir unser ›Technikberater-Konzept‹ erst mal in zwei Testmärkten ausprobiert. Das verleiht nicht nur mehr Glaubwürdigkeit, es war insbesondere für mich als Betriebswirt auch essenziell, um echte Erfahrungen mit unserem Produkt zu sammeln.«

PRIORITÄTEN SETZEN

Es hilft, auf dem richtigen Weg zu bleiben, wenn diese Meilensteine des Gründungsprozesses auf Papier festgehalten werden und nach Möglichkeit sogar mit Zeiträumen versehen werden, in denen sie erreicht werden sollen. Oft ist es leicht, sich in Details eines bestimmten Teilelementes zu verlieren und wichtige Ressourcen wie Zeit oder Geld zu versenken. Der Plan hilft, Prioritäten zu setzen und die Anstrengungen entsprechend zu kanalisieren.

Die finanzielle Evaluation des Geschäftsmodells »in Zahlen« zu sehen, ermöglicht eine Vorstellung von der Profitabilität sowie der Tragfähigkeit des geplanten Modells. Durch den Businessplan treten versteckte Annahmen an die Oberfläche, auf deren Basis du dein Geschäftsmodell aufgebaut hast. Nun kannst du diese offen evaluieren und auf ihre Validität hin überprüfen.

Generell zwingt der Businessplan dich, tief in die Recherche einzutauchen. Somit lernst du den Markt kennen, in dem du tätig werden willst und der letztlich über Sein und Nicht-Sein deines Unternehmens entscheidet. Die detaillierte Analyse der Konkurrenz ist inbegriffen. Diese besser zu verstehen und direkte sowie indirekte Konkurrenz zu identifizieren, sind wichtige Schritte, um den eigenen Wettbewerbsvorteil zu schärfen. Bei der Recherche geht es auch um die Kunden, darum ihre Bedürfnisse offenzulegen und Wege zu definieren, wie aus ihnen Kapital geschlagen werden kann. Auch das eigene USP wird im Businessplan in tatsächlichen Fakten ausgedrückt. Aus »besser« und »günstiger« werden konkrete Einheiten - zum Beispiel Gigabits pro Sekunde und ein Kostenvorteil von 25 Prozent.

DER GRUNDSTEIN DES UNTERNEHMENS

Viele Gründungen erhalten durch den Businessplan ihren letzten Schliff und manche entwickeln sich sogar zu einem noch ausgefeilteren Geschäftskonzept weiter, das mit dem ursprünglichen nicht mehr viel gemeinsam hat. Es kommt nicht selten vor, dass neue Chancen entdeckt werden, die zuvor nicht beachtet wurden. Dies sind nur einige der Gründe, weshalb es sich lohnt, einen Businessplan zu verfassen.

Ist der Businessplan einmal geschrieben, bringt er auch einen sehr persönlichen Vorteil mit sich: emotionale Stabilität. Das Gefühl, das eine neue Idee - ob für ein kreatives Projekt oder eine Geschäftsidee - auslöst, kennt wohl jeder. Fast manisch sprühst du nur so vor Energie und möchtest sofort loslegen.

Mein Vorschlag: Steck diese Energie in die »langweilige« Aufgabe Businessplan, den zu verfassen dann plötzlich ungeheuer viel Spaß macht. Denn dieses Gefühl der Überschwänglichkeit hält nicht lange an. Gerade mit den ersten Rückschlägen und Herausforderungen tritt an die Stelle der Manie oft Ernüchterung. Wenn du dann aber deinen Businessplan zur Hand hast, musst du nur auf die nächste Seite blättern, um

Auf den emotionalen Höhenflug folgt oftmals ein Absturz: Ein guter Businessplan zeigt immer wieder den Weg nach oben!

zu erkennen, wie es weitergeht. Somit ist er ein Wegweiser durch die emotionalen Tiefen und eine Startrampe für erneute Höhenflüge.

DAS TEAM ÜBERZEUGEN

Der Businessplan dient jedoch nicht nur dem Unternehmer allein, auch was das Team betrifft, gibt es zahlreiche gute Gründe, einen solchen aufzusetzen. So ist zum Beispiel ohne Businessplan kaum festzustellen, wie groß das Kernteam eigentlich sein sollte. Wenn die ersten Schritte nicht finanziell festgehalten werden, basiert die Anzahl der Mitglieder lediglich auf groben Schätzungen ohne sachliche Grundlage. Nur wenn diese ersten Schritte feststehen, kannst du abschätzen, wie viele Partner sowie erste Mitarbeiter du benötigst.

Steht die Anzahl der benötigten Teammitglieder, gilt es nun diese zu überzeugen, mit in das Projekt einzusteigen. Auch hierfür ist der Businessplan unerlässlich. Gerade wenn du mit einem Team zusammenarbeitest, das du zuvor nicht persönlich kanntest, braucht es in der Regel stichhaltige Argumente. Zukünftige Partner mit großem Potenzial, die eventuell bereits in der Vergangenheit erfolgreich waren, wollen sehen - schwarz auf weiß -, worauf sie sich einlassen.

Sind die Teammitglieder überzeugt, geht es darum, sicherzustellen, dass auch alle in dieselbe Richtung marschieren. Das ist einfacher gesagt als getan, und du wirst in deiner Laufbahn noch feststellen, wie häufig Fehlkommunikationen die Ursache teilweise schwerwiegender Fehlentwicklungen sind. Deshalb ist es wichtig, dass alle Teammitglieder genau wissen, wo es hingehen soll, ihre Rolle selbst finden und zum Wohl des gesamten Unternehmens ausfüllen können. Wie stellen sie das an? Sie schlagen den Businessplan auf und lesen nach.

TILL STEINMAIER: »Ohne einen verschriftlichten Businessplan diskutiert man immer wieder die gleichen Themen von Neuem. Das sollte vermieden werden.«

Nicht zuletzt dient der Businessplan auch dazu, Leistungserwartungen gegenüber dem Team sowie sich selbst abzustecken. Die Performance stets im Blick zu haben und weiterzuentwickeln, gehört bei der Führung des Teams dazu. Der Businessplan hilft, hierbei transparent zu sein, sodass allen Partnern maximale Freiheit in der Ausgestaltung ihrer Tätigkeit gegeben werden kann. Dies ist nicht nur für sie persönlich wichtig, sondern auch eine Notwendigkeit für den Gründer: Den eigenen Partnern permanent im Nacken zu sitzen, wenn eigentlich ein gesamtes Unternehmen am Markt etabliert werden soll, ist schlicht unmöglich.

INVESTOREN AN LAND ZIEHEN

Oft erscheinen Investoren wie der Schnatz in einem Quidditch-Spiel in der Welt von Harry Potter: Fängt der junge Zauberschüler einen, hat er das Spiel für sein Team entschieden. Dennoch ist diese Zielgruppe mit großer Sorgfalt zu behandeln.

Um Geld von institutionellen Investoren zu bekommen, benötigen Entrepreneure einen Businessplan. Punkt. (Natürlich gibt es verschiedene Investoren mit verschiedenen Ansprüchen, aber hierzu mehr im folgenden Kapitel über die Finanzierung des Start-ups.) Der Businessplan dient in diesem Zusammenhang dazu, eine Menge Fragen zu beantworten, die sich rund um das liebe Geld drehen:

Wie wird das Unternehmen Geld verdienen? Wie viel Geld wird es in welcher Zeitspanne machen? Wie viel Geld braucht der Unternehmer? Wofür? Wann braucht der Unternehmer wie viel und nach welcher Zeit benötigt er mehr Geld? Gibt es eine Exit-Strategie und wie sieht diese aus? Wie viel kann an Rendite erwartet werden und wann kann diese erwartet werden?

Die Logik hinter diesem Prozedere ist eigentlich recht intuitiv: Du solltest denen, die ihr (oftmals) hart erarbeitetes Geld in dein Projekt stecken werden, glaubhaft demonstrieren können, dass sie es nicht nur zurückbekommen, sondern noch mehr Geld erwarten können. Der Businessplan wird ebenfalls benötigt, wenn du lediglich einen Kredit für dein Projekt aufnehmen möchtest. Denn Banken oder individuelle Gläubiger möchten ein gewisses Maß an Sicherheit haben, bevor sie ihr Geld von der Leine lassen. Hier profitierst auch du selbst von einer genauen Bezifferung der finanziellen Bedürfnisse, schließlich willst du so wenig Geld wie möglich, jedoch so viel wie nötig aufnehmen.

WAS WILL ICH EIGENTLICH TUN?

Zum Abschluss möchte ich nun noch einmal auf die zu sprechen kommen, die keinen Businessplan benötigen und mitteilen, warum er für sie dennoch sinnvoll sein kann.

Du möchtest also selbstständig im kleineren Rahmen beispielsweise als professioneller Speaker arbeiten. Aber was genau sind die Projekte, an denen du arbeiten möchtest? Gibt es Ressourcen, die du hierfür benötigst? Wie sieht es mit der Zeit aus? Wann arbeitest du an diesem Projekt und wie viel Zeit möchtest du hineinstecken? Wie viel Geld möchtest du investieren? Auch wenn es nur kleine Mengen sind, kommt hier doch einiges zusammen. Ab wann kannst du sagen, dass du mit deiner Tätigkeit in den schwarzen Zahlen angekommen bist?

Was sind die Themen, über die du sprechen möchtest, und an welchen Projekten willst du arbeiten? Wie sieht es mit dem Marketing aus? Möchtest du dich auf bestimmte Kunden spezialisieren? Wie kommst du an deine Kunden heran? Was ist die grundlegende Vorgehensweise? Wie verändern sich diese Arbeitsvorgänge je nach Zielgruppe oder Skalierung deines Geschäftes? Gibt es bereits andere, an denen du dich orientieren, von denen du lernen oder mit denen du gemeinsame Sache machen kannst, und gibt es Konkurrenz, die du übertreffen möchtest?

LILI RADU: »Mein Mentor war immer der Ansicht, dass man den Businessplan innerhalb eines Tages schreiben kann. Erst mal sollte das Produkt stehen. In Wirklichkeit ist es eine To-do-Liste, die einem alles Wichtige noch mal vor Augen hält. Leider ist es viel Theorie, die sich oft nicht bewahrheitet. Im Tagesgeschäft schmeißt man ihn noch 15-mal um, weil man erst dann wirklich versteht, worauf es beim Kunden ankommt.«

Letztlich ist der Businessplan kein statisches Konstrukt wie etwa ein Buch, das sich nicht verändert, nachdem es einmal zu Papier gebracht wurde. Stattdessen sehe ich den Businessplan wie *Die unendliche Geschichte* von Michael Ende. Die Taten des Unternehmers selbst entscheiden, wie sich die Geschichte des Unternehmens entwickelt, und dies spiegelt sich im Businessplan wieder, der immer weiter fortgeschrieben wird. Denn Stillstand ist das Ende eines jeden Unternehmens und der Businessplan kann helfen, es zu einer Geschichte zu machen, deren Ende vielleicht niemals kommt.

Einmal Business- plan mit allem, bitte!

Tauchen wir ein in die Welt des Businessplans! Ich werde einen möglichst detaillierten Überblick über die Elemente des Businessplans geben - oftmals empfiehlt es sich dennoch, professionelle Hilfe in Anspruch zu nehmen, vor allem wenn es um finanzielle Prognosen geht.

Ohne eine fundierte Sammlung von marktbezogenen Daten ist der Businessplan nichts weiter als ein aufgebauschtes Luftschloss in einem Tabellen- oder Textverarbeitungsprogramm. Du wirst immer wieder aufs Neue recherchieren müssen, je nachdem welchen Teil des Businessplans du dir gerade vornimmst. Daher hier nur einige grundlegende Punkte zum Thema Recherche: Bei der Recherche gibt es grundsätzlich zwei Arten von Daten, derer du dich bedienen kannst: Primär- und Sekundärdaten. Primärdaten sind all jene Daten, die aus erster Hand gewonnen, also selbst erhoben oder in Auftrag gegeben werden. Dies können zum Beispiel selbst durchgeführte Interviews mit der potenziellen Zielgruppe oder gar mit den ersten Kunden sein. Im Gegensatz hierzu sind Sekundärdaten alle Informationen, die aus anderen Quellen - sozusagen secondhand - bezogen werden. Dies können beispielsweise Industrieberichte oder vorgefertigte Marktanalysen sein.

Beide Arten haben ihre Vor- und Nachteile. Während Primärdaten stärker auf die individuellen Bedürfnisse abgestimmt sind, bereitet es einen größeren Aufwand, diese zu beschaffen. Sekundärdaten stellen daher meist die erste Anlaufstelle des Unternehmers dar. Sie sind wesentlich einfacher zu beschaffen, wobei es sich lohnt, bei der Interpretation der Daten genauer hinzusehen, um die individuelle Fragestellunge beantworten zu können.

Wo sind relevante Daten zu finden?

Die erste Anlaufstelle für die Recherche ist - mittlerweile selbstverständlich - das Internet. Ich schätze, dass Gründer heutzutage 80 Prozent ihrer Recherchebedürfnisse befriedigen, ohne das Haus zu verlassen. Hierfür bieten die Websites von Marktforschungsinstituten, Industrieverbänden oder auch Regierungsinstitutionen erste Anlaufstellen. Spezielle Foren oder soziale Netzwerke können Unternehmern tiefere Einsichten über Kunden und deren Bedürfnisse bieten - sogar Umfragen in solchen sozialen Netzwerken könnten interessante Einblicke liefern. Ebenso lässt sich die Konkurrenz im Netz schnell ausfindig machen.

Wenn du nun doch den Drang nach Frischluft verspürst und die Wohnung für die ein oder andere Stunde verlassen möchtest, lohnt sich der Besuch bei der regionalen Industrie- und Handelskammer oder weiteren Forschungseinrichtungen, wie beispielsweise Universitäten. Vor dem Besuch musst du nicht unbedingt wissen, welche Fragen du genau beantwortet haben möchtest. Wenn du deine Produktidee ausreichend detailliert präsentierst, können dir diese Einrichtungen entscheidende Hinweise geben, wo du mit deiner Suche nach entsprechenden Daten für den Businessplan beginnen könntest.

Ein Wort der Warnung, bevor du dich in das Informationslabyrinth deutscher Institutionen begibst: Die Mitarbeiter und Mitarbeiterinnen in diesen Einrichtungen tun ihr Bestes, um möglichst umfassend und präzise zu informieren; Motivation zu spenden, ist auf dieser Agenda leider sehr viel weiter unten angesiedelt.

Das hat zur Folge, dass sich der ein oder andere nach einer Sitzung bei der IHK im Kreuzfeuer dringlich-bürokratischer Anforderungen und erfasst von einer bedrückenden Informationsflut wiederfindet. Es verwundert nicht, dass die World Bank Deutschland im Jahr 2013 auf Platz 106 verwiesen hat (von insgesamt 185 bewerteten Volkswirtschaften),[3] wenn es um die Leichtigkeit geht, ein Unternehmen zu gründen. Die Hauptfaktoren hierfür sind die neun Schritte und 15 Tage, die es benötigt, um in unserem Land eine Gründung zu vollziehen. Dies ist, im Vergleich beispielsweise zu den USA (Platz 13), wo es lediglich sechs Schritte und sechs Tage benötigt, kein besonders guter Schnitt.

Daher mein Rat: Fragen, fragen und nochmals fragen! Du solltest den jeweiligen Auskunftgeber so lange nicht aus dem Würgegriff lassen, bis du zu 100 Prozent verstanden hast, was da erzählt wird. Dies ist - natürlich - bildlich gesprochen; ich bitte von physischen sowie psychischen Misshandlungen des jeweiligen Mitarbeiters abzusehen. Anschließend solltest du dich mit den gesammelten Informationen in ein gemütliches Café setzen und alles erst einmal verdauen. Die mentale Ordnung dieser überwältigenden Anforderungen verhindert, dass du jetzt bereits alles hinschmeißt und das Weite suchst. Hast du dich bei einem Irish Coffee schließlich wieder beruhigt, kann es losgehen!

Die einzelnen Teile des Businessplans
▶ Die Executive Summary
▶ Das Produkt oder der Service
▶ Das Team
▶ Die Markt- und Wettbewerbssituation
▶ Marketing und Vertrieb
▶ Geschäftssystem und Organisation
▶ Realisierungsfahrplan
▶ Chancen und Risiken
▶ Finanzplanung und Finanzierung

DIE EXECUTIVE SUMMARY

Die Executive Summary stellt die Einleitung zum Businessplan dar. Sie ist das Erste, das potenzielle Investoren lesen - und häufig leider auch das Letzte. Um dies zu vermeiden, sollte sie ein Glanzstück an gedruckter Verkaufskunst und damit ein unwiderstehlicher Köder für Investoren sein. Denn das Ziel der Executive Summary ist nicht die Freigabe einer Banküberweisung durch Investoren. Sie sollte das Zünglein an der Waage sein, das Investoren zum Lesen des kompletten Businessplans bewegt. Sei dir bewusst, dass diese Einleitung - ähnlich wie ein

Anschreiben in einer Bewerbung – niemanden überzeugen, durchaus jedoch abschrecken kann: Für den ersten Eindruck gibt es (wie immer) nur eine Chance.

Die Executive Summary sollte die wichtigsten sowie eindrucksvollsten Punkte des Businessplans enthalten und sollte daher, obwohl sie zu dessen Beginn aufgeführt wird, zuletzt geschrieben werden. Was den Umfang angeht, so sollte die Executive Summary zwei Seiten nicht überschreiten. Versuche dich stets in die Leser hineinzuversetzen und die gewählte Sprache auf sie abzustimmen.

DIE EXECUTIVE SUMMARY BESTEHT AUS EINEM

▶ einleitenden Absatz,
▶ der Vorstellung,
▶ dem Bedürfnis,
▶ der Lösung sowie einem
▶ Ausblick.

Der ersten Absatz ist quasi eine Executive Summary innerhalb der Executive Summary. Er sollte eine starke Aussage darüber treffen, was genau das Unternehmen vorhat und warum dies »einzigartig« ist.

Im Anschluss verdichtest du die einzelnen Punkte des Businessplans, die später auf die Executive Summary folgen werden. So stellst du dein Produkt oder deinen Service vor und gibst einen Überblick über das Team. Diese Ausführungen werden gefolgt vom Bedürfnis, das beispielsweise erste Angaben zum Markt sowie den Kunden beinhalten könnte. Anschließend geht es darum, glaubhaft zu präsentieren, wie das Unternehmen dieses Bedürfnis befriedigen will. Hierfür kann die grundlegende Marketing- und Wettbewerbsstrategie dienen. Am Ende sollten dann noch einige Zeilen auf die nahe Zukunft verwendet werden. Ist das Unterfangen skalierbar, wohin entwickelt es sich und gibt es vielleicht bereits erste Meilensteine, die diesen Pfad unterstützen?

Die Executive Summary sollte präzise, prägnant und positiv sein. Generell sollte sich der Unternehmer beim Verfassen des gesamten Plans an die drei Ps halten, die erfolgreiches Schreiben in der Businesswelt ausmachen: Präzision, Prägnanz und Positivität. Die ersten beiden Ps sind selbsterklärend. Positivität bezieht sich auf das Paraphrasieren von negativen Konnotationen sowie auf einen durchweg optimistischen Grundton. Beispielsweise werden aus »Problemen« »Herausforderungen« und aus »Flucht« wird »strategischer Rückzug«.

PRODUKT ODER SERVICE

In diesem Teil des Businessplans beschreibst du das Produkt oder den angebotenen Service so ausführlich und überzeugend wie möglich. Alle bereits im zweiten Kapitel genannten Punkte kommen hier zum Zuge. Bei der Beschreibung solltest du die USPs des Produkts beachten sowie den Investoren vermitteln, dass das gesamte Konzept komplett durchdacht ist und praktisch in den Startlöchern steht.

Ein Prototyp sowie erste Testkunden mit präsentablen Resultaten bieten eine ideale Entscheidungsgrundlage. Auch wenn kein Prototyp vorhanden ist, bemühe dich, die Produktpräsentation mit Bildern und Grafiken so anschaulich wie möglich zu gestalten. Handelt es sich um Lebensmittel- oder Gastronomiekonzepte, versuche zu zeigen, dass bürokratische Hürden bereits genommen und Bestimmungen recherchiert und eingehalten wurden. Auch Patente spielen hier eine große Rolle. Sind sie bereits angemeldet (und tatsächlich nützlich), lassen sie Eurozeichen in den Augen der Investoren aufpoppen.

Ebenso solltest du mit geplanten Services verfahren. Eine genaue Beschreibung des Was, Wie, Wo und Wann sollte mit den entsprechenden Alleinstellungsmerkmalen präsentiert werden.

BEISPIEL *Auch ein zu einer bestimmten Uhrzeit angebotener Service kann eine Innovation darstellen. Warum nicht einen Friseursalon eröffnen, der werktags von 16 bis 23 Uhr geöffnet hat? So können auch Investmentbanker endlich kreativere Frisuren ausprobieren, anstatt aufgrund der frühen Schließzeiten stets nur zum Trimmer zu greifen.*

DAS TEAM

Ja, auch das Team findet seinen Eingang in den Businessplan, denn wie bereits erwähnt ist das Team bares Geld wert! Hier spielt die Erfahrung sowie Expertise der einzelnen Mitglieder eine große Rolle. Diese entsprechend herauszustellen und glaubhaft zu dokumentieren, ist entscheidend. Die Fähigkeiten der Teammitglieder sollten detailliert aufgezeigt und an ihre jeweiligen Rollen im Unternehmen angepasst werden.

Die drei wichtigsten Aufgaben in Bezug auf das Managementteam lauten: verkaufen, verkaufen, verkaufen!

Da viele institutionelle Kapitalgeber häufig objektive Merkmale benötigen, um ihre Investitionsentscheidungen zu begründen, lohnt es sich, den ein oder anderen »akademischen Hut« ins Gründungsteam zu mischen. Gerade hier können Mentoren helfen, Investoren entsprechende Sicherheit zu bieten und deren Entscheidung zu erleichtern.

Es ist jedoch nicht nur wichtig, zu zeigen, dass das entsprechende Managementteam das Unternehmen führen kann, sondern auch, die vertraglichen Vereinbarungen zu beleuchten. Wie sieht es mit der prozentualen Aufteilung des Unternehmens sowie der Stimmrechte aus? Gibt es Gehaltsansprüche und wenn ja, wie hoch sind diese? Gibt es weitere Verträge zwischen den Gründern, die von Belang sind?

Ein weiterer wichtiger Bestandteil ist die Präsentation der Werdegänge der einzelnen Teammitglieder sowie des eigenen im Anhang des Businessplans. Sie geben Auskunft über die Personen, die hinter dem Produkt stehen.

MARKTSITUATION

Ab hier wird es knifflig; dies ist der Teil, in dem sich die fundierte Recherche auszahlen muss. In der Marktanalyse beschreibst du die Kunden, die du mit deinem Produkt oder Service bedienen möchtest. Der Markt stellt die Summe aller potenziellen Kunden zusammen mit ihrer Zahlungsbereitschaft dar. Die Wettbewerbssituation wiederum beschreibt die Konkurrenz, die bereits im Markt existiert oder in naher Zukunft erwartet wird. Mit dieser musst du dir den Markt teilen oder um Marktanteile ringen.

Auch dieser Teil sollte mit einer einleitenden Zusammenfassung beginnen. In überschaubaren Absätzen mit entsprechenden Überschriften solltest du anschließend auf die wichtigsten Punkte eingehen. Du solltest den Investoren zeigen, dass du eine fundierte Kenntnis über den Markt besitzt und somit die Entwicklungen im Zusammenhang mit deinem Unternehmen mehr oder weniger vorhersagen kannst.

Hierzu beginnst du am besten mit der Marktsegmentierung. ◆ Letztlich wird hiermit versucht, die einzelnen Individuen, die den Markt ausmachen, durch produktspezifische und verkaufsrelevante Gemeinsamkeiten in Gruppen zu unterteilen. Diese Gemeinsamkeiten können beispielsweise Merkmale wie Geschlecht, Alter oder verfügbares Einkommen sein. Die Kombination verschiedener Merkmale macht die jeweiligen Segmente kleiner und spezifischer: So ist ein »Produkt für Männer« an ein größeres Segment gerichtet, als ein »Service für Frauen über 50 mit einem verfügbaren Einkommen von mehr als 10 000 Euro pro Monat«.

◆ *Die Segmentierung eines Markts bedeutet, diesen in kleinere Untergruppen zusammenzufassen.*

Die Vor- und Nachteile der verschiedenen Segmentgrößen liegen auf der Hand: Während ein sehr spezifisches Segment weniger Kunden erfasst, ermöglicht es eine wesentlich gezieltere Ansprache im Marketing sowie im Produktdesign. Ein größeres Segment bietet zwar mehr Kunden, macht jedoch gezielte Ansprachen schwieriger. Der Weltmarktführer für überdimensionale Theatervorhänge hat ein sehr eingeschränktes, jedoch äußerst profitables Marktsegment gewählt.

<u>KATJA ANDES:</u> »Als wir vor drei Jahren den ersten Idea Camp Workshop veranstaltet haben, dachten wir, dass zu unserer Veranstaltung vor allem Studenten und junge Leute unter 30 kommen würden. Doch plötzlich hatten wir auch Anfragen von erfahrenen Geschäftsleuten zwischen 40 und 50. Das hat uns erst überrascht, wir haben dann

aber entschieden, eine heterogene Gruppe zusammenzustellen. Die unterschiedlichen Erfahrungen und Altersgruppen haben sich unglaublich positiv auf die Kreativität der Teilnehmer ausgewirkt.«

Neben der Segmentierung spielt die Größe des Markts gleichermaßen für Investoren wie auch Gründer eine wichtige Rolle. Wie viele potenzielle Kunden gibt es im Markt, und wie viel würden sie wie oft im Jahr für das jeweilige Produkt oder den jeweiligen Service ausgeben? Hierzu gehört auch das Abschätzen von Wachstumschancen sowie Entwicklungen und Trends.

Um diese abzuschätzen benötigst du entweder professionelle Hilfe oder eine sehr genaue Kenntnis über den Markt. Hier können persönlich erhobene Primärdaten besonders hilfreich sein. Warum die Kunden nicht einfach selbst fragen, was sie für den Service bezahlen und wie oft sie ihn nutzen würden? Es gibt keinen Grund, mit diesen Fragen hinterm Berg zu halten.

Auch die Einschätzung sowie Beschreibung der Konkurrenz erfolgt in diesem Teil. Wie lange ist die Konkurrenz bereits im Markt tätig? Wie groß ist sie? Und ist neue Konkurrenz zu erwarten?

Nimm die Recherche des Zielmarkts sehr ernst. Je besser du deinen Markt kennst, desto weniger kann dich überraschen.

Eine klare und umfassende Beschreibung des Markts ist einer der wichtigsten Bestandteile des Businessplans, da sie Investoren handfeste Kriterien liefert, mit Hilfe derer sie eine Investition abwägen können.

MARKETING UND VERTRIEB

Nachdem im vorherigen Teil beschrieben wurde welcher Markt bedient werden soll, beschreibt das Marketing wie dieser Markt bedient werden soll. Da sich später ein gesamtes Kapitel dem Marketing widmet, hierzu nur wenige Zeilen: Im Businessplan wird die grundlegende Marketingstrategie beschrieben.

Hier sollte auch die Strategie zum Vertrieb, also die Antwort auf die Frage »Wie kommt das Produkt zum Kunden?« thematisiert werden. Wird es in ausgewählten Läden angeboten oder lediglich online vertrieben und versandt? Gibt es vielleicht sogar schon Vertriebspartnerschaften oder erste Resultate aus Verhandlungen mit potenziellen Partnern? Hierfür gilt wie in allen anderen Teilen auch: Je fortgeschrittener das Projekt in den Bereichen ist, die keine Finanzierung benötigen, desto überzeugender ist der Plan - für Investoren und externe sowie interne Partner gleichermaßen.

Gibt es eventuell schon Partnerschaften mit Zulieferern oder Patente, sind dies wichtige Punkte, die es herauszustellen gilt. Diese beiden Vorteile sichern den Investoren beispielsweise einen reibungslosen Produktionsablauf zu und bedeuten reduzierte Risiken bei der Herstellung des Produktes sowie der mittelfristigen Konkurrenzsituation im Markt.

GESCHÄFTSSYSTEM UND ORGANISATION

Widmen wir uns nun der Frage, wie das Unternehmen all das, was im Businessplan beschrieben wird, bewältigen will - vor allem auf struktureller Basis: Wer macht was wie und in welcher Reihenfolge? Hierzu gehört auch die Frage, wo und von wem das Produkt produziert wird. Wie kommt es zum Unternehmen? Wo wird es gelagert, bis es versandt wird? Wer ist für diese einzelnen Schritte verantwortlich und wem ist er in der Hierarchie zugeordnet?

Dieser Teil ist besonders hilfreich, gerade für Gründer, deren Hintergrund nicht in der Betriebswirtschaft liegt. Er zwingt dazu, jeden einzelnen Schritt - vom Rohstoff bis zum Kundenerlebnis - durchzuplanen. Hierbei wirst du viele Engpässe und Aufgaben erkennen, die dir sonst eventuell in der Planung entgangen wären. Das Ziel in diesem Teil ist eine »Planfirma« aufs Papier zu bringen - und zwar nach den genauen Vorstellungen und Wünschen, die du für dein zukünftiges Business hegst.

Hierzu lohnt es sich, zwei Diagramme anzufertigen. Das erste zeigt die Abfolge der Prozesse, die notwendig sind, um die

Rohstoffe in die Kundenerfahrung umzuwandeln. Diese Grafik kann und sollte natürlich so detailliert wie möglich dargestellt werden. So lassen sich Kosten sowie die benötigte Zeit besser abschätzen. Ein vereinfachtes Beispiel hierfür:

▼ Abbildung 3: Beispiel Vertriebsdiagramm

Das zweite Diagramm sollte ein sogenanntes Organigramm sein, das die interne Organisation sowohl durch die Hierarchie als auch die jeweilige Spezialisierung der einzelnen Mitwirkenden abbildet. Ein Beispiel für ein Organigramm:

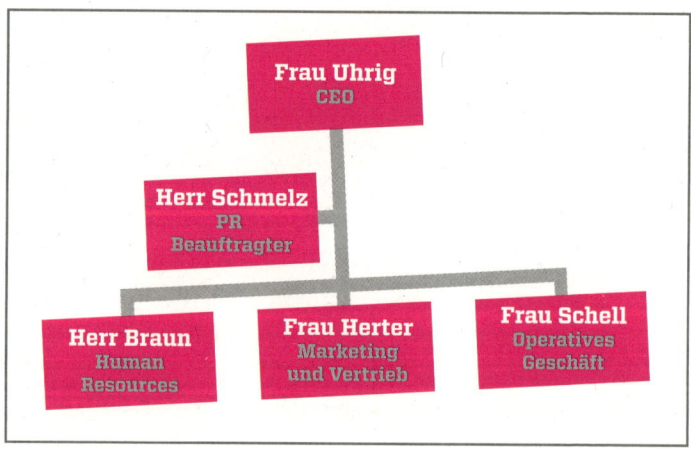

▼ Abbildung 4: Organigramm

Dies ist tatsächlich ein Beispiel für eine weiter fortgeschrittene Organisation. Bei einem Start-up sähe ein solches Diagramm vielleicht eher so aus:

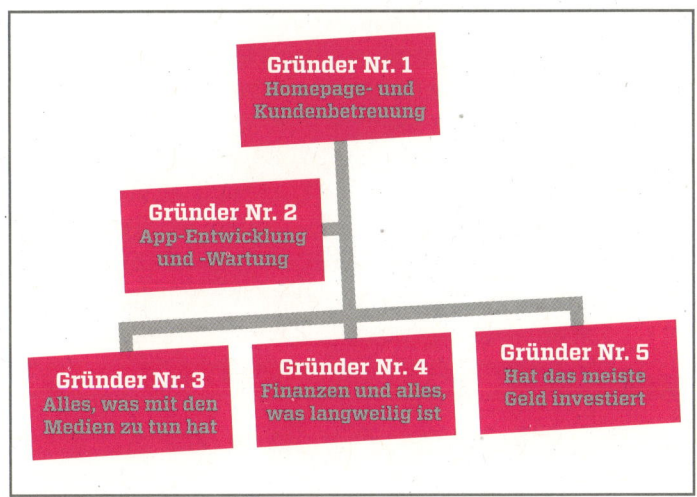

▼ Abbildung 5: Start-up Organigramm

Bereits jetzt solltest du jedoch erkennen, dass bei diesem Gründerteam und der Aufgabenverteilung einiges im Argen liegt. Dennoch können solche Diagramme Lesern des Businessplans eine übersichtliche Vorstellung von der Spezialisierung und geplanten Organisationsstruktur vermitteln.

REALISIERUNGSFAHRPLAN

Wenn die Frage nach dem »Wie« bezüglich der Gestaltung des Unterfangens geklärt ist, beantwortest du im Realisierungsfahrplan das »Wann«. Der Realisierungsfahrplan stellt also eine zeitliche Auflistung der wichtigsten Meilensteine der kommenden drei bis fünf Jahre dar. Diese Meilensteine können die Aufnahme von Fremdkapital, die »bürokratische Gründung« beziehungsweise Gewerbeanmeldung, den Markteintritt, das Rollout der Marketingstrategie sowie den angepeilten Zeitpunkt des Break-even-Points ♦ beinhalten.

♦ Break-even-Point: wenn sich die getätigten Investitionen erstmals finanziell auszahlen, also getätigte Ausgaben plus realisierte Einnahmen gleich Null ergeben.

Auch Angaben zur Personalplanung sollten in diesem Teil besprochen werden. Wie viele Personen werden wann im Unternehmen gebraucht? Dies

schlägt sich auch auf die Investitionsplanung nieder, die ebenfalls präsentiert werden sollte. Oft finanzieren Geldgeber nämlich
nicht die komplette fünfjährige Wachstumsphase, sondern teilen
die Tranchen in mehrere Schritte auf. Ob der nächste Zuschuss
kommt, hängt dann beispielsweise vom Erreichen des vorherigen
Wachstumsziels durch das Unternehmen ab.

Wie bei allen Schätzungen empfiehlt es sich, vorsichtige und
konservative Annahmen zu treffen. Oft dauern Prozesse länger
als geplant und Kostenanstiege entwickeln sich schneller als erwartet. Du solltest eine Balance zwischen überzeugendem Optimismus und dem Fuß auf der sicheren Seite entwickeln.

CHANCEN UND RISIKEN

Im vorletzten Teil des Businessplans geht es schließlich um die
Einschätzung der Chancen und Risiken des geplanten Unterfangens. Natürlich gehst du von einem glänzenden Erfolg auf ganzer
Linie aus – du solltest aber zeigen, dass du die Risiken kennst, diese
mit einkalkuliert und entsprechende Lösungen bereits parat hast.

Ohne das Abwägen von Chancen und Risiken investiert heutzutage in der Regel niemand auch nur einen Cent. Niemand
würde mehr historische Großprojekte wie die Gestaltung der
Sixtinischen Kapelle durch Michelangelo finanzieren! Zu unge-
wiss die Fertigstellung, zu gering die Kontrolle über den Prozess,
zu hoch das Risiko, Erfolg und Misserfolg in die Hände eines
einzelnen Mannes zu legen. Die Frage, ob mit dem Sicherheits-
bedürfnis heutiger Financiers diese visionären Projekte der Vergangenheit überhaupt noch möglich wären, müssen wir uns
schon gefallen lassen. Glaube, Hoffnung, gar Vertrauen? Das war
gestern! Heute braucht es Analysen. Zwei der Werkzeuge, derer
sich Entrepreneure hierfür bedienen können, sind die
SWOT-Analyse[4] und die Sensitivitätsanalyse.

Die SWOT-Analyse

Auch wenn ich hier als moderner Ketzer über die neuen »Göt-
ter« spotte, so muss ich doch zugeben: Die SWOT-Analyse stellt
ein sehr nützliches und zugleich unkompliziertes Werkzeug zur
Konzeption des Chancen-Risiko-Verhältnisses dar. SWOT steht

für »Strengths«, »Weaknesses«, »Opportunities« und »Threats« (Stärken, Schwächen, Chancen und Risiken).

Es geht also letztlich darum in einer (Achtung: Überraschung!) 2×2-Matrix die wichtigsten aktuellen (internen) Stärken und Schwächen sowie die zukünftigen (externen) Chancen und Risiken darzustellen.

BEISPIEL *Schauen wir uns dies am Beispiel von Michelangelo und seinem geplanten Fresko in der Sixtinischen Kapelle aus Sicht seines Geldgebers, der Kirche, an:*

Stärken
▼ Fertigung durch einen der berühmtesten sowie fähigsten Künstler unserer Zeit
▼ eindrucksvolle Untermauerung der transzendenten Deutungshoheit
▼ potenziell eines der berühmtesten und bedeutendsten Werke der Kunstgeschichte
▼ unverzichtbarer Treiber für Einnahmen aus dem hierdurch gesteigerten Wallfahrtstourismus

Schwächen
▼ enorme Kosten, potenzielle Kostenexplosion
▼ unabsehbarer Zeitrahmen für Fertigstellung, keine Garantie auf tatsächliche Ablieferung des Werkes (eventueller Tod des Künstlers)
▼ blinde Vertragsschließung ohne Möglichkeit der Einsichtnahme durch den Auftraggeber vor Beendigung (Künster verbietet diese), eventuelle Folgekosten durch »Verbesserungen« (wie das Zensieren von Obszönitäten)

Chancen
▼ Beliebtheit von Fresken mit christlichen Motiven ist in den letzten Jahren stark angestiegen.
▼ Unter anderem wirkte sich die Pest positiv auf das Konsumverhalten von Privatpersonen wie öffentlichen Haushalten aus: Die Sparquote ist in einem Allzeittief angekommen und die Nachfrage nach weltlichen Gütern boomt!

Risiken
▼ Die Wettbewerbssituation im Markt für Geniekreationen ist angespannt: Die Werke von Raffael und Da Vinci stehen ebenfalls hoch im Kurs.
▼ Die Preisentwicklung für Alkali-stabile Pigmente (benötigt zur Anfertigung von Fresken) ist großen Schwankungen ausgesetzt und könnte sich in den folgenden Monaten, was die Finanzierung des Projektes angeht, negativ entwickeln.

▼ Abbildung 6: SWOT-Analyse zur Ausgestaltung der Sixtinischen Kapelle durch Michelangelo

Michelangelo hätte mit einem Businessplans zu seinem Fresko in der Sixtinischen Kapelle wohl keine guten Aussichten auf eine erfolgreiche Fremdfinanzierung gehabt. Gut, dass er erst gar keinen geschrieben hat!

Die oben dargestellte Matrix würde in unserem Beispiel eine Unternehmens- beziehungsweise eine Projektanalyse darstellen. Dieses Werkzeug existiert in verschiedensten Varianten, die beispielsweise externe und interne Einflüsse trennen oder Maßnahmen zur Umwandlung von Risiken in Chancen und Schwächen in Stärken miteinbeziehen. Letztlich sind dem strategisch-kreativen Unternehmer hier keine Grenzen gesetzt. Wichtig ist jedoch, dass die Analyse auf einer fundierten Industrierecherche basiert, da sie sonst keine faktische Aussagekraft besitzt. Es lässt sich darüber streiten, ob dies im oben aufgeführten Beispiel der Fall ist.

Die Sensitivitätsanalyse

Das zweite Analysetool, die Sensitivitätsanalyse, beschreibt den Erfolg oder Misserfolg des Projekts in Abhängigkeit von erfolgskritischen Faktoren. Mit in diese Analyse eingegliedert können das »Worst-« sowie »Best-Case-Szenario« helfen, den potenziellen Investoren eine gewisse Planungssicherheit zu vermitteln. Hierfür beschreibst du den Verlauf des Projekts im günstigsten sowie ungünstigsten Fall. Im Folgenden definierst du schließlich Faktoren, die für die Verschiebung vom günstigsten zum ungünstigsten Fall führen würden beziehungsweise die erfüllt sein müssen, um den günstigsten Fall zu realisieren. Das Projekt ist also gegenüber diesen Faktoren »sensibel«. Diese Analyse kann sowohl quantitativ als auch qualitativ durchgeführt werden, schärft den eigenen Blick für erfolgskritische Faktoren und hilft, die Agenda zu priorisieren.

FINANZPLANUNG UND FINANZIERUNG

Der letzte Teil des Businessplans schließlich enthält eine detaillierte Aufstellung der geplanten finanziellen Einflussgrößen. Er bildet das Kernstück, wenn es um die Anfrage von Fremdkapital geht.

MIT IN DIESEM TEIL ENTHALTEN SIND

▶ die Liquiditätsplanung,
▶ die Plan-Gewinn- und Verlustrechnung sowie
▶ die Cashflow-Rechnung.

__TILL STEINMAIER:__ »Mit 15 habe ich mal bei einem Businessplan-Wettbewerb mitgemacht. Wir hatten damals einen Berater von der Sparkasse, der uns half, unsere Kosten bis aufs Klopapier zu planen. Gewonnen haben wir nicht.«

Der Unternehmer sollte hier abschätzen, wie viel Geld er genau für seine Gründung benötigt, wie viel er an Einnahmen erwartet und welches seine Ausgaben sein werden. Dieser Teil ist für fachfremde Gründer sicherlich mit der anspruchsvollste und sollte mit professioneller Hilfe angegangen werden.

GUTE UND SCHLECHTE BUSINESSPLÄNE

Das wichtigste Stichwort bei der Erstellung des Businessplans im Zusammenhang mit Schätzungen, Beschreibungen sowie Voraussagen ist »Transparenz«. Es sollte für alle stets möglich sein, Rechenwege sowie die kausalen Denkschritte nachzuvollziehen. Hierfür stellst du heraus, welche die grundlegenden Annahmen sind, und gibst Quellen an, aus denen du die entsprechenden Einsichten gewonnen hast.

Abgesehen davon sollte auch die äußere Form des Businessplans stimmen: Inhaltsverzeichnis, Seitenzahlen, Aufzählungszeichen, kurze prägnante Absätze, Diagramme und Abbildungen erleichtern das Lesen und verringern das Risiko, missverstanden zu werden. Die besten Korrekturleser sind Freunde oder Vertraute, denen du noch nichts von deiner Produkt- oder Serviceidee erzählt hast. So lässt sich feststellen, ob der Plan für dritte Parteien verständlich verfasst wurde.

Als generellen Richtwert sollte der Umfang des Businessplans inklusive des Anhangs 30 Seiten nicht überschreiten. Dennoch ist hier keine allgemeingültige Aussage möglich: Der Umfang des Businessplans hängt sowohl von der Komplexität des vorgestellten Unterfangens als auch vom Fortschritt der Realisierung ab.

Du solltest dir bewusst sein, dass die erste Investition, die potenzielle Geldgeber in das Projekt tätigen, die Zeit ist, die sie benötigen, um den Businessplan zu lesen. Wenn sich schon diese nicht auszahlt, warum sollten sie weitere Ressourcen in das Projekt stecken?

Investoren bekommen möglicherweise zahlreiche Businesspläne zugeschickt und können nur wenig Zeit für jeden einzelnen aufbringen. Trotz der limitierten Länge des Businessplans sollte er ein Maximum an Vollständigkeit bieten.

DIE DREIZEILENSTRATEGIE

Bevor ich dieses Kapitel beende, möchte ich denen, die sich nicht für einen Businessplan entscheiden, ein alternatives Werkzeug an die Hand geben: Die Dreizeilenstrategie. Sie ist eine kleine Hilfestellung, die ein äußerst simples und zugleich sehr wirkungsvolles Konzept darstellt. Mit ihrer Hilfe können Ziele, die in weiter Ferne zu liegen scheinen, Schritt für Schritt angegangen werden. Sie hilft dabei, das große Ganze nicht aus den Augen zu verlieren. Sie kann für die Unternehmensziele wie auch alle privaten Zielsetzungen genutzt werden. Die Dreizeilenstrategie ist der Businessplan, der tatsächlich auf eine Barserviette passt.

In der ersten Zeile notierst du dein langfristiges Ziel. In der zweiten Zeile notierst du den ersten mittelfristigen Meilenstein, der erreicht werden muss, um das langfristige Ziel zu erreichen. In der dritten und letzten Zeile schließlich notierst du den kurzfristigsten Schritt, den du unmittelbar unternehmen kannst und musst, um dem mittelfristigen Ziel näherzukommen.

Hast du diesen Schritt erfolgreich gemeistert, ersetzt du die letzte Zeile durch den nächsten kurzfristigen Schritt. Dies geht stets so weiter, bis du letztlich am mittelfristigen Meilenstein angekommen bist und diesen durch den nächsten mittelfristigen Meilenstein auf dem Weg zum langfristigen Ziel ersetzt. Und nun beginnst du von Neuem die letzte Zeile mit dem Schritt zu füllen, der dich zum neuen Meilenstein führt. Am Ende erreichst du das langfristige Ziel nach vielleicht vielen Jahren mit nichts weiter als einer alten Barserviette in der Hand.

BEISPIEL *Erste Zeile: Bundeskanzler werden. Zweite Zeile: In den Bundestag gewählt werden. (Später ersetzbar durch: Teil einer wichtigen Arbeitsgruppe werden.) Dritte Zeile: Mitglied in einer Partei werden. (Später ersetzbar durch: Sich bei der nächsten Kommunalwahl aufstellen lassen.) Und so weiter.*

So simpel das Konzept der Dreizeilenstrategie ist, so nützlich ist sie auch. Denn im »Abenteuer Unternehmertum« verhält es sich wie im Roman *Alice im Wunderland* von Lewis Carroll: Als sich Alice im Wald verirrt, fragt sie die Grinsekatze, welchen Weg sie wählen soll. Diese erwidert: »Das hängt davon ab, wohin du gehen möchtest.« Als Alice ihr mitteilt, dass dies nicht so wichtig sei, sagt die Katze: »Nun dann ist es vollkommen egal, welchen Weg du gehst.«

Kennst du deine Ziele nicht, wird es dir auch schwerfallen, diese zu erreichen und andere für dein Unterfangen zu gewinnen. Hast du aber einen genauen Plan und steht die Crew sowie das Schiff bereit, kann es mit der Reise fast schon losgehen! Nur ... wer soll das bezahlen?

FAZIT Unternehmer sind dann auf der sicheren Seite, wenn sie zeigen können, dass das Ziel klar ist und der Weg dorthin fest vorgezeichnet wurde. Investoren möchten in den meisten Fällen keinen zusätzlichen Aufwand durch das Projekt haben, sondern ihr Geld für sich arbeiten lassen. Dies zu gewährleisten ist die Aufgabe des Unternehmers. Kannst du alle Fragen der Investoren mit dem Businessplan überzeugend und auf den Punkt beantworten, könnten dies die 30 wertvollsten Seiten werden, die du jemals zu Papier gebracht hast.

Geld – kein Problem!

SO FINANZIERST DU DEINE IDEE

EINLEITUNG

»ALS ICH JUNG WAR, GLAUBTE ICH, GELD SEI DAS WICHTIGSTE IM LEBEN. HEUTE, DA ICH ALT BIN, WEISS ICH: ES STIMMT.« – SO OSCAR WILDE ÜBER DAS LIEBE GELD. AUCH WENN SEINE ERKENNTNIS ÜBERSPITZT FORMULIERT IST, SO STELLEN MATERIELLE FAKTOREN DOCH ENTSCHEIDENDE HÜRDEN DAR, DIE ZU BEGINN DER GRÜNDUNG ÜBERWUNDEN WERDEN MÜSSEN. AUS DIESEM GRUND KANN NATÜRLICH EIN KAPITEL ÜBER DIE FINANZIERUNG AUCH HIER NICHT FEHLEN.

Ich möchte in diesem Kapitel verschiedene Wege präsentieren, wie du deinen finanziellen Bedürfnissen nachkommen kannst. Prinzipiell kannst du versuchen, das nötige Kapital selbst zu stemmen, oder dir von außen Hilfe holen.

Der erste Teil dieses Kapitels beschäftigt sich mit der ersten Variante, selbst Kapital zu stemmen, wohingegen der zweite sich mit den verschiedenen externen Finanzquellen auseinandersetzt. Für alle Formen der Finanzierung gibt es Vor- und Nachteile sowie Regeln, die es zu beachten gilt, willst du hierbei erfolgreich sein. Im letzten Teil des Kapitels soll noch eine ganz bestimmte Strategie helfen, entsprechende Möglichkeiten der Finanzierung zu realisieren.

Frei von Geld

Nehmen wir an, du möchtest dich nicht auf externe Quellen zur Finanzierung deines Unternehmens verlassen. In diesem Fall bleibt dir eigentlich nichts anderes übrig, als mit möglichst wenig Geld aus deinen Ersparnissen oder einem Nebenjob auszukommen. Hierzu musst du zuerst ein Geschäftsmodell wählen, das an sich keine großen Investitionen vorab erfordert, und zweitens: sparen – so viel und wo es nur geht!

Auch wenn es banal klingt, mach dir bewusst, dass das richtige Geschäftsmodell darüber entscheidet, ob das Start-up ohne großen finanziellen Einsatz betrieben werden kann. Produkte beispielsweise, die einen langen oder teuren Forschungs- und Entwicklungsprozess haben beziehungsweise erst ab einer gewissen Menge profitabel werden, eigenen sich prinzipiell nicht zur Selbstfinanzierung. Letztlich musst du dich fragen, welchen Anteil der Arbeit, für die Kunden am Ende bezahlen, du mit dem Team selbst stemmen kannst.

KATJA ANDES: »Ich halte Bootstrapping♦ für die beste Möglichkeit, um fast jede Geschäftsidee zu testen. Ziel ist es, möglichst schnell die ersten Kunden zu finden. So lässt sich herausfinden, ob die Idee tatsächlich einen Mehrwert schafft und jemand dafür einen ausreichenden Preis bezahlen möchte. Ich habe zweimal ein Service-Business einfach so gestartet – und beide Male für unter 100 Euro gegründet.«

♦ Bootstrapping: Der Aufbau eines Unternehmens ohne Einsatz von externem Kapital und mit einem eng geschnallten Gürtel der Gründer.

Gerade in der Anfangsphase ist es wichtig, so viel Zeit und Ressourcen wie möglich auf die Generierung von Umsatz und damit auf das Bedienen der Kunden zu verwenden.

Geschäftsmodelle, die sich daher besonders eignen, sind Services, die ohne großes Gerät durchgeführt werden können, sowie gewisse Produkte, beispielsweise Apps und weitere digitale Lösungen, die technologieaffine Unternehmer selbst »produzieren« beziehungsweise programmieren. Natürlich können auch selbstproduzierte Möbel, Surfboards, Textilien oder selbstproduzierter Schmuck entsprechende Modelle darstellen - beachte hierbei aber besonders die Kosten der Rohmaterialen. Services eignen sich daher besonders gut für diese Art der Finanzierung, und du kannst dich hierfür im eigenen Bekanntenkreis umsehen. Das Internet bietet ebenfalls zahlreiche Ideen zu Services, die mit einem geringen Kapitalaufwand betrieben werden können.

Unabhängig davon, für welches Geschäftsmodell du dich letztlich entscheidest, die Regel »weniger produzieren, mehr verkaufen« ist immer ein guter Ratschlag.

Je weniger Zeit du mit der Vorbereitung und Aufbereitung deines Service oder Produkts verbringst, desto besser. Es geht darum, Geld ins Haus zu bringen! Denn machen wir uns nichts vor: Ohne entsprechende Ressourcen ist gerade die Anfangsphase besonders schwierig. Hier lohnt es sich, jede Scheu vor dem Kontakt mit ersten potenziellen Kunden abzulegen und mit flammender Inbrunst das eigene Konzept an die Öffentlichkeit zu bringen: egal wie unausgereift es auch sein mag! Wer nicht viel investiert, hat auch nicht viel zu verlieren - im Gegenteil: Es geht darum, nun alles zu versuchen, damit das Unternehmen an Fahrt gewinnen kann. Hierfür müssen mittellose Gründer »tun, machen und wirtschaften« - du musst schlichtweg sehen, wo du bleibst!

KATJA ANDES: »Der Fokus am Anfang sollte auf dem Verkaufen und ›einfach Machen‹ liegen. Wenn die erste Kundschaft bezahlen will, ist das Gewerbe schnell angemeldet. Bei meinem ersten Gründungsprojekt haben wir eine GmbH geformt, bevor überhaupt Kunden gefunden waren. Wir haben das Projekt irgendwann abgebrochen und die GmbH liquidiert. Von da an habe ich mir um die Rechtsform und sonstige Bürokratie erst Gedanken gemacht, wenn ich wusste, dass die Idee funktioniert.«

Mir ist durchaus bewusst, dass die Spontanität kein ureigener Charakterzug der deutschen Kultur ist. Meiner Meinung nach ist dies jedoch einer der Gründe, warum es bei uns im internationalen Vergleich so wenige Entrepreneure gibt. Oft fehlt das Verständnis für diejenigen, die »einfach mal machen« und irgendwie ihren Lebensunterhalt auf eigene Faust verdienen wollen. Das ist schädlich für die gesamte Gesellschaft und erschwerend für Unternehmer, die daher zuerst eine Immunität gegen diese kritische Haltung entwickeln müssen. (Wenn du langfristig erfolgreich sein möchtest, solltest du das sowieso tun - und zwar besser früher als später.)

BEISPIEL *Während meines Studiums hatte sich einer meiner Kommilitonen genau so durch das Studium »gehustled« (vom Englischen »to hustle«; grob übersetzt: hektisches Treiben. Das fehlende Äquivalent im Deutschen ist für mich der ultimative Beweis, wie fremd unserer Kultur diese Herangehensweise ist).*

Er vertrieb stets Tickets zu allen anstehenden (selbst externen) Events und organisierte private Tailgatings zu Football-Spielen. Auch wenn wir wussten, dass er für diesen Service einen kleinen Aufpreis verlangte, kauften ausnahmslos alle bei ihm. Wir respektierten seinen Unternehmergeist und freuten uns, ihn bei seinem Unterfangen unterstützen zu können. Außerdem sind die meisten Studenten inhärent faul, was er clevererweise erkannte und zu seinem unternehmerischen Vorteil nutzen konnte. Am Ende hatte er fast seine kompletten Studiengebühren zusammen – was kein kleiner Betrag war.

Genau diese Mentalität benötigen Gründer, möchten sie ihr Unternehmen ohne fremden Kapitaleinsatz starten. Hierfür kannst du dich verschiedener Strategien bedienen. Zum Beispiel könntest du versuchen, einen Weg zu finden, im Voraus bezahlt zu werden. Um dies zu gewährleisten, kannst du den Kunden im Gegenzug beispielsweise einen Rabatt anbieten. Den Vorschuss kannst du schließlich nutzen, um eventuell anfallende Kosten bei der Erstellung deines Service zu decken. Solltest du nicht in der Lage sein, gleich zu Beginn den Service komplett abzuliefern, behalte stets die Möglichkeit im Kopf, Teile an externe Dienstleister weiterzugeben (sogenanntes Outsourcing zu betreiben). Dies reduziert zwar den Profit, jedoch sind ein abgeschlossenes Projekt und ein kleiner Profit gerade zu Beginn besser, als zu gar keinem Abschluss zu kommen oder gar nichts zu erwirtschaften.

KATJA ANDES: »Ich würde jedem empfehlen, zuerst Umsätze zu erzielen, bevor Kosten beglichen werden. Ein Beispiel: Beim ersten Sunny Office Event habe ich die Location erst bezahlt, als ich ausreichend Teilnahmegebühren eingenommen hatte.«

WER BRAUCHT SCHON EIN BÜRO?

Während du also auf der einen Seite für Umsatz sorgen musst, solltest du auf der anderen Seite die laufenden Kosten niedrig halten. Mittellose Gründer sollten stets nach kostenlosen Alternativen für ihre kostenpflichtigen Bedürfnisse suchen. Kostenfreie Apps sowie Open-Source-Lösungen für Software sind hierfür bestens geeignet.

Das 21. Jahrhundert verfügt über unzählige Möglichkeiten, die es dir erlauben, von zu Hause aus oder an weiteren Orten zu arbeiten. Das Büro wird immer mehr zum Auslaufmodell und stellt gerade für frischgebackene Entrepreneure eher ein Statussymbol als eine wirklich notwendige Investition dar. Wenn

Ein trockener Raum gepaart mit einem Heizlüfter für kalte Tage tut es allemal!

keine Büroräume vorhanden sind, können Besprechungen mit etwaigen Kunden schließlich auch in den Räumlichkeiten der Klienten abgehalten werden: Dies zeugt von Respekt und niemand errät das zugrunde liegende Pfennigfuchser-Motiv.

TILL STEINMAIER: »Wir haben mit einer amerikanischen Plattform, die wir zur Schulung unserer Berater nutzen, einen Deal gemacht: Wir zahlen einen Bruchteil der eigentlichen Gebühr und im Gegenzug dienen wir als User-Story in Europa für deren PR. In der Testphase hatten wir keine richtigen Büros, sondern einfach einen Schreibtisch im WG-Zimmer. Wenn Kunden ihre Rechner vorbeibringen wollten, haben wir sie stattdessen mit unserem Abhol- und Lieferservice glücklich gemacht.«

Gerade zum Kostensparen ist es sinnvoll, sich die zuvor angesprochene Denkweise der »Ressourcen und Netzwerke« anzueignen. Eventuell gibt es im eigenen Netzwerk andere Entrepreneure, mit denen sich gewisse Ressourcen teilen lassen. Eine solche Möglichkeit, die sich einer immer größeren Beliebtheit erfreut, ist das Coworking. Hierbei teilen sich freiberuflich Tätige wie Entrepreneure Büroräumlichkeiten - nicht nur um Kosten zu sparen, sondern auch, um gegenseitig von erhöhter Produktivität sowie einem gesteigerten Ideenaustausch zu profitieren. Außerdem stellt dies eine grandiose Chance dar, das eigene Netzwerk zu vergrößern und so an zusätzliche wichtige Ressourcen zu gelangen.

VORSICHT: ERFOLG!

Gewinnt das Unternehmen schließlich langsam an Fahrt, bleib' dennoch auch bei der Skalierung der wachsenden Firma vorsichtig. Nur weil nun gewisse finanzielle Mittel zur Verfügung stehen und erste Mitarbeiter in einem richtigen Büro beschäftigt werden könnten, heißt das noch lange nicht, dass du dies auch tun solltest.

Im Gegenteil: Ich würde raten, lieber weiterhin Teile der an Land gezogenen Projekte an Externe outzusourcen und mit der Vergrößerung der Belegschaft zu warten, bis sich ein verlässlicher sowie langfristiger Cashflow abzeichnet.

Darüber hinaus ist es heutzutage einfacher denn je, entsprechend Wirbel um ein Produkt oder Service zu erzeugen. Soziale Netzwerke und weitere Dienste, die ich im Kapitel »Marketing« besprechen werde, helfen, den Service unter die Leute zu bringen. Wie wertvoll dies ist, können wir am Beispiel der österreichischen Red Bull GmbH sehen: eine Firma, die weder Produktionsanlagen, Lagerhallen noch Transportmittel für ihren Energiedrink besitzt. Alles, womit sich das Unternehmen beschäftigt, sind Marketing und Vertrieb. Unter entsprechenden Bedingungen kannst du also ein weltweites Getränkeimperium aufbauen – mit nichts weiter als einem PC und einem Telefon.

Ein abruptes Ende der Selbstfinanzierung kann ein plötzlich auftauchender Investor sein. Stell dir vor, du hast nach drei Jahren des »Hustle«, Bootstrappings und eiserner Sparsamkeit endlich ein kleines funktionierendes Unternehmen mit zwei Angestellten aufgebaut. Dies kann unter Umständen ein Erfolgsgarant in den Augen einiger Investoren sein, die mal eben ihr Scheckbuch zücken und dir einen sechsstelligen Betrag ausstellen.

Sofort rechnest du dir aus, wie viele lästige Rechnungen du bezahlen, wie viele neue Mitarbeiter du für anstehende Projekte anheuern und wie viele neue Designerstühle du anschaffen könntest, nähmst du das Angebot einfach an. Ich möchte dir nicht prinzipiell von diesem Schritt abraten, aber einige Fragen würde ich dir stellen:

▶ Ist es das wirklich wert?

▶ Wie lange würde es dauern, bis sich das Unternehmen diese Dinge durch tatsächliche Honorare oder einen Kredit leisten könnte?

▶ Wie bereits erwähnt sind die ersten Jahre die schwierigsten, warum jetzt aufgeben?!

Hast du potenzielle Investoren erfolgreich abgewimmelt, solltest du dir klarmachen, dass, obwohl sich eine Selbstfinanzierung zuerst ausschließlich nach großen Einschränkungen anhört, sie doch ebenso viele Vorteile birgt.

Wenn gleich zu Beginn viel Geld zur Verfügung steht, ist die Versuchung groß, auch viel Geld auszugeben. Ein knappes Budget hingegen zwingt dich, deine Verhandlungstaktiken bis zur Perfektion auszufeilen, stets die günstigste Variante zu wählen und dein Unternehmen auf höchste Effizienz zu trimmen. Du sparst nicht nur Geld, sondern auch Zeit, die du sonst mit Präsentationen vor unzähligen potenziellen Investoren verbringen würdest.

Natürlich hat diese Herangehensweise auch Nachteile. Das langsamere Wachstum und die Anfälligkeit für Zahlungsverzögerungen auf Kundenseite sowie weitere externe Schocks machen die Selbstfinanzierung zu einer harten Aufgabe, die dir viel Durchhaltevermögen abverlangt. Hinzukommt, dass du dich stets nur auf deine eigene Expertise und die des Teams verlassen kannst. Der wertvolle Input von professionellen Investoren bleibt dir so verwehrt. Hast du dein Mentoren-Board entsprechend ausgestattet, kannst du diesem Umstand aber auch als mittelloser Unternehmer entgegenwirken.

FÖRDERUNGEN

Sind Unternehmer von ihrer Idee, ihrem Team sowie ihrem Businessplan restlos überzeugt und möchten sich dennoch weder Schulden aufbürden noch von externen Investoren etwas diktieren lassen, gibt es einen Mittelweg: Es gibt da draußen Geld, das ohne Haken kommt und nicht mal zurückgezahlt werden muss! Die unkomplizierteste Variante an solches Geld zu kommen ist ... der Lottogewinn. Wer jedoch keine Lust hat, darauf zu warten, sollte nach der etwas komplizierteren, aber zeitnahen Variante des ebenso unbefleckten Geldes Aussicht halten: Fördermittel des Bundes und der Länder.

Ja, es stimmt: Auch die Regierungen des Bundes und der Länder haben erkannt, dass Deutschland neue Unternehmen braucht. Sei es um die Arbeitslosigkeit zu bekämpfen oder um die Wirtschaft weiter anzukurbeln – es wird gefördert. Wie bereits mehrfach erwähnt, gehen die entsprechenden Mittel zur Förderung für meinen Geschmack nicht weit und tief genug, jedoch wird zumindest versucht, finanziell auszuhelfen. Tauche also nach Belieben im Pool der potenziellen Fördermittel und schau, ob du etwas für dich herausfischen kannst.

An unbeflecktes Geld ist nur durch Glück (Lotto) oder Bürokratie (Förderungen) zu kommen!

Die Mittel sind zahlreich, vielfältig und ändern sich häufig. Es gibt einmalige Ausschreibungen und wiederkehrende Programme, die aus einem jährlichen Budget gespeist werden. Viele hoch dotierte Ausschreibungen sind häufig auf Technologie- oder Life-Science-Projekte ausgerichtet – sprich auf Projekte, die auch bei konventionellen Investoren gute Chancen hätten. Generell solltest du dir darüber im Klaren sein, dass die Konkurrenz auch um diese Mittel intensiv wirbt und du dich ebenso gut auf einen solchen Antrag vorbereiten solltest wie auf Gespräche mit Investoren.

Um sich über entsprechende Mittel zu informieren, bietet das Internet wie immer die erste Anlaufstelle. Die Website des Bundesministeriums für Wirtschaft und Technologie sowie das Äquivalent auf Landesebene bieten umfangreiche Auflistungen. Prinzipiell würde ich jedoch raten, quer durch das Netz nach den jeweiligen Ausschreibungen und Programmen sowie zugehörigen Tipps und Tricks zu suchen. Stichworte hierfür wären: »Fördermittel für Existenzgründung«, »Gründerzuschuss« oder »Staatliche Unterstützung Start-up« sowie sinnverwandte Alternativen zu diesen.

Die Suche nach der passenden Förderung sowie die Bewerbung um diese können ebenso zeitaufwendig sein wie das zuvor erwähnte Präsentieren vor Investoren. Du solltest dir daher gut überlegen, ob du diesen Weg einschlagen möchtest oder gar musst. Denn auch hier muss ich mein altes Schild ziehen, auf dem in fetten roten Lettern geschrieben steht: »Achtung Bürokratie!« Entscheidest du dich für diesen Weg, solltest du dich auf zermürbende Gespräche und viel Papierkram gefasst machen. Ein Stück Antifrust-Schokolade schadet vor einer Sitzung beim Amt oder vor dem Durchforsten von Regierungswebsites sicherlich nicht!

Freiheit oder Sicherheit

Wenn du dich als Unternehmer für eine externe Finanzquelle entscheidest, solltest du dir über zwei grundlegende Austauschbeziehungen im Klaren sein: Es geht um das Verhältnis von Eigentümerschaft und Kontrolle sowie den Balanceakt zwischen Freiheit und Sicherheit.

Du möchtest so viel Geld wie nötig, jedoch so wenig wie möglich aus externen Quellen für dein Unternehmen aufnehmen. Aber warum ist das so? Das operative Geschäft des Unternehmens wird durch zwei Einflussgrößen bestimmt: Eigentum und Kontrolle. Oft (und gerade bei kleinen oder jungen Unternehmen) fallen diese beiden Größen zusammen. Das bedeutet, Gründer, die eine hundertprozentige Eigentümerschaft über das Unternehmen haben, besitzen auch 100 Prozent der Kontrolle. Das heißt wiederum, an sie fließen die kompletten Nettoerlöse des Unternehmens und ihr Wort ist Gesetz, wenn es um Entscheidungen geht.

Externe Investoren, die ihr Geld in das Unternehmen stecken, verlangen dieses in aller Regel nicht zurück (im Gegensatz zum Kredit), sondern verlangen im Gegenzug Anteile am Unternehmen. Dies bedeutet, dass du nach der Investition beispielsweise nur noch 49 Prozent des Profits sowie der Kontrolle besitzt, wohingegen die restlichen 51 Prozent beim Investor liegen. Zusätzlich kann es vertragliche Vereinbarungen geben, die das Verhältnis von Eigentum und Kontrolle aufbrechen und die Gründer beispielsweise mit 60 Prozent der Nettoeinnahmen, aber nur 40 Prozent der Stimmrechte zurücklassen. Der Kreativität von Unternehmensanwälten sind hier keine Grenzen gesetzt, und es kann zu den abstrusesten Gebilden kommen.

Bei der Aufnahme von Fremdmitteln gilt es, sich prinzipiell zwischen zwei Arten der Finanzierung zu entscheiden: der Aufnahme von Schulden oder der Ausgabe von Anteilen.

Über solche Verhältnisse solltest du dir stets bewusst sein. Sicherlich wollen beide Parteien prinzipiell dasselbe: Das Unternehmen soll wachsen und profitabel werden. Die Frage, durch welche Schachzüge dieses Ziel jedoch erreicht wird sowie in welche Richtung das Unternehmen wachsen soll, kann schnell zu hitzigen Diskussionen zwischen Investoren und Gründern führen. Ich gebe hier keinen Rat, das ein oder andere zu tun, sondern möchte lediglich Vor- und Nachteile aufzeigen, die es zu beachten gilt.

KREDITE UND INVESTITIONEN

Kommen wir nun zum Balanceakt zwischen Freiheit und Sicherheit. Hast du volle Kontrolle über dein Unternehmen und eine Finanzierung, beispielsweise durch einen Kredit, hast du sozusagen maximale Freiheit. Wie bereits oben erwähnt, bist du jedoch auf dich und deine Expertise angewiesen und hast keine Sicherheit.

Auf lange Sicht ist Kontrolle immer wertvoller als Cash.

Niemand garantiert dir, dass dein Projekt erfolgreich verläuft oder ob du den Kredit tatsächlich durch die Geschäftstätigkeit zurückzahlen kannst. Gibst du diese Freiheit jedoch ein wenig auf und lässt dich durch Investoren unterstützen, stellen diese in der Regel sicher, dass das junge Start-up auf dem richtigen Weg hin zu Wachstum und finanziellem Erfolg ist.

Der Kredit

Die Aufnahme von Schulden findet in aller Regel durch die Aufnahme eines Kredits statt. Die Kredittypen sind zahlreich und unterscheiden sich nicht nur durch Laufzeit und Zinssatz, sondern auch dadurch, wer sie ausgibt und mit welchem Ziel.

Für Gründer jedoch ist es am sinnvollsten, nach sogenannten Förderkrediten Ausschau zu halten. Auch dies ist eine staatliche Maßnahme zur Förderung unternehmerischer Tätigkeiten. Diese Kredite müssen bei einer kommerziellen Bank beantragt werden, die dann im Austausch mit dem entsprechenden staatlichen Institut den Kredit vergibt. Gründern wird daher oft geraten, bei ihrer Hausbank vorstellig zu werden, da diese die Unternehmer und ihre Situation gut kennen. Auch das eventuell persönliche Verhältnis zum Bankberater ist ein Vorteil, da dieser schließlich für die Vergabe des Kredites einstehen und potenzielle Konsequenzen tragen muss, sollten die Unternehmer den Kredit nicht zurückzahlen können.

Einen Überblick über die verschiedenen Fördermöglichkeiten gibt die Förderdatenbank des Bundesministeriums für Wirtschaft und Technologie. Hier sind Förderprogramme und Finanzhilfen des Bundes, der Länder sowie der Europäischen Union zu finden. Diese ist - für eine Regierungswebsite - sogar relativ benutzerfreundlich aufgebaut, und du kannst dein persönliches Vorhaben in einer Eingabemaske spezifizieren, um schneller passende Förderkredite und -programme zu finden.

Einer der beliebtesten und meiner Meinung nach geeignetsten Kredite für Unternehmensgründer ist das sogenannte Start-Geld der Kreditanstalt für Wiederaufbau (KFW). Dieser Kredit ist laut der Homepage der KFW für Existenzgründer gedacht, die entweder frisch gegründet haben oder aber nicht länger als drei Jahre mit dem jungen Unternehmen geschäftstätig sind. Es werden bis zu 100 000 Euro pro Gründer komplett ausbezahlt (insbesondere für Teams interessant!) - wozu kein Eigenkapitalanteil notwendig ist.

Auch dieser Kredit ist über eine konventionelle Bank zu beantragen. Da die Bank jedoch nur 20 Prozent des Ausfallrisikos trägt (80 Prozent übernimmt der Staat), gewährt sie diesen relativ gerne. Über die genaue Vorgehensweise sowie detaillierte Konditionen kannst du dich auf der KFW-Homepage mit den Stichworten »067 Kredit«, »ERP-Gründerkredit« und »StartGeld« erkundigen.

Die Investition
Für die zweite Finanzierungsart, der Ausgabe von Anteilen, kooperieren Unternehmer in der Regel mit professionellen Investoren. Diese sind ebenso zahlreich und unterschiedlich wie die Kredittypen, bieten letztlich aber alle ungefähr das Gleiche: Geld und Expertise für nicht mehr und nicht weniger als die eigene Seele!

»RAMEN-PROFITABILITÄT«

Wenn du dich für externe Investoren interessierst, gibt es im Unterschied zum zuvor beschriebenen Bootstrapping (das sich ja darauf konzentriert externe Finanzierungen zu vermeiden) ein weiteres Konzept der Selbstfinanzierung, das du dir durch den Kopf gehen lassen solltest: die sogenannte Ramen-Profitabilität.

Ein Unternehmen gilt dann als profitabel, wenn sich die Investitionen ausgezahlt haben und es mehr einnimmt, als es ausgibt – einschließlich der Gründergehälter. »Ramen« bezieht sich auf ein Beinahe-Fertiggericht, das besonders unter Studenten (nicht nur in den USA) eine verbindende Erfahrung darstellt. Die Packung mit trockenen Nudeln und einer Gewürzmischung für das »Suppenwasser« muss nur mit heißem Wasser übergossen werden, um »genießbar« zu sein. Pro Portion kostet diese geniale Erfindung weniger als einen Euro. (Meine Lieblingssorte: »Chicken Flavor«.) Zusammengenommen stellt dieses Konzept also den Betrieb eines Unternehmens dar, dass gerade so viel Umsatz erzeugt, um das Gründerteam über Wasser zu halten.

Dies ist hauptsächlich für Serviceunternehmen oder etwaige Internet-Start-ups denkbar, die keine großen Investitionen vorab erfordern. Ziel dieser »Selbstfinanzierung« ist es, Zeit zu gewinnen. Dabei erhöht die Ramen-Profitabilität jedoch gleichzeitig die Chancen auf eine günstige Investition von außen.

Auch von Ramen-Nudeln kann man sich ernähren.

Dies hat mehrere Gründe: Zum einen hast du gezeigt, dass es Kunden gibt, die am Service oder Produkt interessiert sind, zum anderen, dass diese tatsächlich bereit sind, Geld dafür zu bezahlen. Und schließlich hast du finanzielle Disziplin bewiesen.

LILI RADU: »In den ersten eineinhalb Jahren nach Gründung habe ich drei Tage pro Woche für Lili Radu und parallel vier Tage extern als Beraterin für Start-ups gearbeitet, um Geld für mein Start-up zu erwirtschaften. Dort habe ich ein extrem schnell wachsendes Unternehmen erlebt, was mich bestärkt hat, erst mal ohne Fremdfinanzierung auszukommen. Die ersten drei Jahre ist meine Marke jetzt organisch gewachsen, und nun ist für mich der Zeitpunkt gekommen, über Investoren nachzudenken, damit Lili Radu weiter wachsen kann.«

Mit der Ramen-Profitabilität kann man also zeigen, dass man die größten Fehler und Fallstricke junger Unternehmen bereits überwunden hat, was die eigene Position am Verhandlungstisch wesentlich stärkt. Der für mich wichtigste Grund jedoch, trotz angestrebter externer Investition »Ramen-profitabel« zu werden, ist die positive Auswirkung auf die Motivation: Wer stolz und frei von inneren Zweifeln sagen kann, dass der Lebensunterhalt komplett durch das eigene Unternehmen bestritten wird, wird wesentlich länger durchhalten, als wäre er vom baldigen Erschöpfen der finanziellen Reserven bedroht. Selbstfinanzierte Ramen-Nudeln sind ein echter Vorgeschmack des Erfolgs!

VENTURE CAPITAL FUNDS

Eine der beliebtesten Finanzierungsmöglichkeiten für Entrepreneure ist die Kooperation mit sogenannten Venture Capital Funds, die sich ins Deutsche als Wagniskapitalfonds übersetzen lassen. Diese professionell verwalteten Fonds haben sich meist auf Investitionen in kleine und mittlere Unternehmen spezialisiert. Sie machen sich die grundlegende Beziehung der Finanzwelt zwischen Risiko und Rendite zu Nutzen: Je höher das Risiko eines Investments eingeschätzt wird, desto höher ist die Rendite, die potenzielle Investoren erwarten und vice versa. Diese Fonds wollen also frühzeitig in Unternehmen investieren, die großes Wachstumspotenzial aufzeigen, und für das inhärente Ausfallrisiko entsprechend entlohnt werden.

HOWARD GLENN: »Y Combinator (ein Gründerzentrum sowie Netzwerk aus Venture Capital Funds und Investoren) hat uns drei grundlegende Dinge ermöglicht: wir konnten uns komplett auf Watsi fokussieren, das Wachstum Watsis basierend auf den wöchentlichen Spenden definieren und ein unglaublich wertvolles Netzwerk nutzen. Die 17000 US-Dollar Startkapital, kostenlose Beratungs- sowie Prozessservices und zahlreiche Kontakte gaben uns die Möglichkeit, Ideen auszutauschen, zu entwickeln und Watsi in exklusiven Silicon-Valley-Kreisen bekannt zu machen.«

Damit eignet sich diese Art der Finanzierung nur für bestimmte Arten von Unternehmen. Das Kredo der Venture Capitalists lautet - wie im Film *Jerry Maguire* von 1996: »Show me the money!« Unternehmer sollten den potenziellen Investoren beweisen, dass ihr Projekt das Zeug zu einer gigantischen Geldmaschinerie hat - zumindest rein theoretisch. Die meisten Fonds spezialisieren sich auf gewisse Industrien, wie Life-Science oder Internet-Start-ups.

Bevor du deinen Businessplan aber an einen Investor schickst, solltest du wieder deine Recherchehausaufgaben machen:
▶ Welcher Venture Capital Fund kommt für mein Start-up in Frage?
▶ Welche anderen Start-ups hat der Fonds in der Vergangenheit gefördert?
▶ Wo stehen diese jetzt?
▶ Kann ich Kontakt mit erfolgreichen sowie erfolglosen Kooperationspartnern des Fonds aufnehmen, um eventuell wertvolle Informationen aus erster Hand zu erhalten?

Auf der Suche nach potenziellen Investoren müssen sich Gründer in Deutschland nicht mehr ausschließlich auf das eigene, im internationalen Vergleich eher risikoscheue Umfeld in Deutschland beschränken. Immer häufiger werden gerade technologiebezogene Projekte auch von ausländischen Investoren gefördert.

Passen Venture Capital Fund und Gründer auf dem Papier zusammen, wird früher oder später zu einem Gespräch mit beziehungsweise einer Präsentation vor den potenziellen Investoren eingeladen. Hierbei gilt es schließlich, alles, was schon für den Businessplan auf dem Papier wichtig war, in zwischenmenschliche Kommunikation umzusetzen. Wieder ist Vorbereitung alles und das Üben vor Verwandten, Freunden und Partnern das beste Hilfsmittel.

CORPORATE VENTURE CAPITAL

Eine weitere Art des Venture Capitals stellt das sogenannte Corporate Venture Capital dar. Die Idee ist im Prinzip dieselbe, mit dem Unterschied, dass hier nicht ein von Dritten verwalteter Investmentfonds investiert, sondern ein konkretes Unternehmen. Deutsche Firmen wie BASF, Bertelsmann und Siemens investieren gezielt in junge Unternehmen sowie Start-ups, die in ihrer Industrie tätig werden. Dies ist deswegen interessant, da diese Investitionen nicht nur entsprechende Renditeziele haben, sondern vor allem strategische Ziele verfolgen.

Für dich bedeutet dies, dass deine Innovationen auch ohne ein entsprechendes Geschäftsmodell gute Chancen auf Förderung haben, solange das Projekt für das investierende Unternehmen von strategischem Interesse ist. Du solltest dich allerdings fragen, ob das für dich auf lange Sicht akzeptabel ist oder ob dies eventuell deine eigene zukünftige Wettbewerbsfähigkeit mindert. Zusätzlich bedeutet eine strategische Investition meist ein größeres Kontrollbedürfnis der Investoren gegenüber dem Start-up: Da die Gewinnerzielung lediglich an zweiter Stelle steht, muss der Gründer betreffend der zukünftigen operativen Entwicklung des Start-ups von einer größeren Einflussnahme der Investoren ausgehen.

BUSINESS ANGELS

Private Investoren, sogenannte Business Angels, stellen eine Alternative zu institutionellen Investoren dar: Sie sind Fusionen der Mentoren- und Investorenfunktion und bieten neben erstem Startkapital Expertise sowie ein weites Netzwerk an Kontakten. Die Entscheidung darüber, ob sie Teile des Unternehmens mit ihrer Investition kaufen oder einen Kredit ausstellen, liegt einzig und allein bei den beiden Parteien.

DER SCHWARM

Anstatt von einem Kreditgeber oder Investor viel Geld einzufordern, besteht auch die Möglichkeit, von vielen Geldgebern jeweils wenig Geld zu bekommen. Das Konzept nennt sich Crowdfunding oder Crowdinvesting. ◆ Diese

◆ *Crowdfunding / Crowdinvesting zu Deutsch: Schwarmfinanzierung*

Alternative zu institutionellen Geldgebern ist ein Kind des Web 2.0 und wird auf entsprechenden Plattformen gewährleistet. Die Idee ist relativ simpel: Du stellst dein Vorhaben auf einer der etablierten Plattformen einer breiten Öffentlichkeit vor. Hierbei gibst du einen Betrag an, den du benötigst, um das entsprechende Projekt zu starten. Nun hat eine große Anzahl an Unterstützern und Investoren die Möglichkeit, relativ wenig Geld bereitzustellen und damit selbst ein nur geringes Risiko einzugehen, während sie gleichzeitig auf die eine oder andere Weise vom Erfolg des Projekts profitieren. Das Geld wird erst ausgezahlt, wenn der komplette Betrag zustande kommt - sonst fließt es an die Geldgeber zurück und die Finanzierung ist vorerst gescheitert.

Hierbei steht es dem Unternehmer frei, ob er lediglich um »Spenden« für ein Herzensprojekt bittet oder handfeste Gegenleistungen für jeden einzelnen Geldgeber verspricht. Deshalb kann Crowdfunding gerade für kreative Projekte interessant sein.

BEISPIEL *Wer sich als Filmproduzent versuchen möchte, kann einen kurzen Trailer produzieren, den Plot online stellen und um Spenden bitten. Als »Belohnung« kann er von kostenlosen Eintrittskarten bis hin zu Statisten – oder*

gar Nebenrollen, gestaffelt nach Spendenbetrag, einiges anbieten. Die Art der Gestaltung sollte gut durchdacht sein, denn die richtigen Anreize zu finden ist fast schon eine Kunst für sich.

Ein verwandtes Konzept, das gerade in den USA durchstartet, ist das Entrepreneur Peer Lending, das eine Form des Crowdinvesting darstellt. Hierbei werden kleine Anteile am Unternehmen gegen kleine Geldbeträge eingetauscht. Investoren erhoffen sich durch einen geringen Kapitaleinsatz in Zukunft vielleicht 0,01 Prozent des nächsten Facebooks zu besitzen (was zurzeit immerhin circa zehn Millionen US-Dollar wert wäre - nicht schlecht für eine Investition von vielleicht 500 US-Dollar). Im Unterschied zu den USA gibt es in Deutschland derzeit jedoch keine genaue Gesetzgebung zur Schwarmfinanzierung. Damit stellt sie eine Grauzone dar, die für beide Seiten (Investoren und Gründer) große Risiken birgt. Falls du diese prinzipiell jedoch sehr effektive Art der Finanzierung nutzen möchtest, solltest du auf Anteilsausgaben verzichten und nach der attraktivsten Art des Geldes Ausschau halten: Spenden.

Generell ist es deiner Kreativität überlassen, an Geld zu kommen. Zahlreiche Möglichkeiten existieren bereits und zahlreiche gilt es noch zu entwickeln. Hierbei kannst du dich stets an die drei vielversprechenden »F-Laute« halten: Familie, Freunde und Verrückte (also alle, die »verrückt« genug sind, Geld in ein so risikobehaftetes Projekt wie ein Start-up zu investieren). Bei der externen Finanzierung solltest du nichts unversucht lassen und dennoch beachten, dass Geld ein sensibles Thema ist - gerade in Deutschland. Du solltest dir also gut überlegen, von wem du Geld annimmst und von wem definitiv nicht.

Erfolgreiches Fundraising

Wenn du dich auf die Suche nach Geldquellen machst, ganz gleich in welcher Form, gibt es einige Dinge, auf die du achten solltest. Wie bereits erwähnt, sollten Geldgeber und Gründer zueinander passen – sowohl auf einer professionellen Ebene (die jeweilige Industrie, das Produkt oder den Service betreffend) als auch auf einer ganz persönlichen Ebene.

Eine Investition ist eine langfristige Geschäftspartnerschaft, die du ernst nehmen und in die du einiges an Arbeit stecken musst. Hierzu gehört, die Investoren bei Laune zu halten – mit regelmäßigen Updates, persönlichen Treffen und so weiter. Nicht umsonst haben gelistete Unternehmen ganze Abteilungen, die sich mit »Investor Relations« beschäftigen.

Möchtest du erfolgreich externe finanzielle Mittel für dein Projekt sichern, achte in der Gesprächsführung stets darauf, wer vor dir sitzt und warum dieser in dich investieren sollte. Sprich: Mach es den Geldgebern so einfach wie möglich, Ja zu sagen.

Je institutioneller potenzielle Geldgeber sind, desto eher lassen sie sich mit Fakten gewinnen.

DIE DREI H'S DES ERFOLGREICHEN FUNDRAISING

Da es sich auch bei Investoren und Kreditgebern um Menschen handelt, sollte der Unternehmer keine der beiden Dimensionen (Fakten vs. Emotionen) komplett außen vor lassen. Im Gegenteil – um erfolgreich an das Geld anderer zu kommen, sollte er in seiner Verhandlung drei Felder abdecken, die für Rationalität, Emotionalität und Pragmatismus stehen: Hirn, Herz und Hand! Die Fragen, die der Gründer beantworten muss, lauten: »Warum?«, »Warum?« und »Wie?«.

Hirn

Zuerst solltest du die Frage nach dem »Warum« auf einer rationalen Basis beantworten. Immerhin geht es hier ums Business! Also sprichst du das Hirn der potenziellen Geldgeber am besten mit überzeugenden Fakten an. Hierzu gehört neben all den wichtigen Punkten des Businessplans und der Renditeaussichten auch eine ansprechende Exit-Strategie bei Investitionen (also »wie« und »wann« sich die Investition auszahlt).

Ebenso spielen weichere Faktoren eine große Rolle, wie beispielsweise ein Reputationsgewinn bei Spenden. Du solltest rational erklären können, warum die finanzielle Unterstützung des eigenen Projekts die einzig gute Option auf dem Tisch der Geldgeber ist.

Herz

Nachdem die potenziellen Geldgeber rational verstehen, warum die ganze Sache eine gute Idee ist, solltest du ihnen noch einen weiteren Anstoß liefern, damit sie tatsächlich tätig werden. Hierzu solltest du das Herz deines Gegenübers auf einer emotionalen Ebene ansprechen und noch einmal erklären »warum«. (Ja, auch knallharte Geschäftsleute haben ein Herz ... obwohl es oftmals dunkel, einsam und gut versteckt zu sein scheint - es lohnt sich, danach zu fischen!) Das Ziel: Geldgeber mit einem guten, wohlig warmen Gefühl in der Brust und einem gigantischen Loch in der Brieftasche.

Es gibt zahlreiche emotionale Gründe, ein Projekt zu unterstützen - finde deinen persönlichen und präsentiere ihn entsprechend. Helfen Geldgeber dabei, den Kindheitstraum zu verwirklichen oder ein vor langer Zeit gegebenes Versprechen einzuhalten? Oder dient das Ganze gar einer guten Sache und die Geldgeber helfen dabei, die Welt ein Stückchen besser zu machen?

Eine effektive Methode, die emotionale Komponente abzudecken, ist das in Deutschland noch relativ gering verbreitete Storytelling. Storytelling ist genau das, wonach es klingt: das Erzählen einer Geschichte.

Es gibt keine Regel, ob die Geschichte wahr oder erfunden sein muss. Sicherlich unterscheidet sich eine Geschichte, die an eine bestimmte Anfrage geknüpft ist (wie es hier der Fall ist), von einer, die »mal eben« zur Einleitung einer Präsentation erzählt wird. Ich rate prinzipiell von frei erfundenen Geschichten ab, da das Leben tatsächlich die besten Geschichten schreibt. Wer selbst keine guten Geschichten erlebt hat und deshalb nichts zu erzählen weiß, sollte sich ernsthafte Gedanken über seinen Lebensstil machen!

HOWARD GLENN: »Nachdem wir das Programm von Y Combinator beendet hatten, mussten wir uns um das Fundraising kümmern. Für profitorientierte Unternehmen ist dies vergleichsweise einfach, da Investoren mit zukünftigen Renditen gewonnen werden können. Als gemeinnützige Organisation haben wir also versucht, unsere erhöhte Effektivität in entsprechende Spenden umzuwandeln. Dafür haben wir aufwendige Modelle entwickelt, die zeigen sollten, um wie viel effektiver Spenden durch Watsi im Vergleich zu denen anderer Organisationen seien. Letztlich aber haben wir Zahlen erfunden, was sich nicht richtig angefühlt hat: Wir hatten keine Ahnung, wie groß die Auswirkung durch Watsi sein würde. Also fragten wir uns, was genau verkaufen wir hier eigentlich? Unsere Antwort: eine Vision. Wenn wir es schaffen, die Welt kleiner und vernetzter zu machen, machen wir sie besser - für die Menschen, die wir mit Watsi unterstützen. Mit diesem Ansatz schafften wir es, Spenden in Höhe von 1,2 Millionen US-Dollar zu generieren.«

In meiner Zeit als Leiter des Mannheimer Teams der bereits erwähnten NGO konnte ich in weniger als einem Jahr einen nicht zu verachtenden fünfstelligen Betrag an Spenden und geldwerten Vorteilen für unsere gemeinnützigen Projekte gewinnen. Dies stellte eine durchaus bemerkenswerte Leistung dar, waren wir operativ gesehen doch »lediglich« eine Studentenorganisation. Ohne Storytelling wäre dies sicherlich nie zustande gekommen, denn die Geschichten, die unsere Mitglieder zusammen mit den Menschen, die sie befähigten, erlebten, waren das stärkste USP unserer Organisation. Bei Verhandlungen mit potenziellen Geldgebern und strategischen Partnern waren sie mein stärkstes Argument und das effektivste Fundraising-Tool überhaupt. Durch stetiges Wiederholen wurden die Geschichten pointierter, ihre Botschaft stärker und das Argument umso überzeugender. Von ihrer Effektivität überzeugt, begann ich schon bald kein Meeting mehr, ohne eine unserer Geschichten mit den Anwesenden zu teilen.

Storytelling ist eine wundervolle Sache, weil Geschichten Informationen verständlich vermitteln – und zwar auf die für mich einzig akzeptable Art und Weise: eine unterhaltsame! Menschen lieben Geschichten von ihrer Kindheit an. Doch wenn wir die Arbeitswelt betreten, bekommen wir jeden Tag unglaublich viel Bullshit und handfeste Lügen aufgetischt – aber schöne Geschichten sind selten dabei. Dies sind nur wenige Gründe, warum gute Geschichtenerzähler fast immer alles von jedem haben können.

Hand

Nachdem potenzielle Geldgeber von der Idee und ihrer Umsetzung überzeugt sind, stehen sie emotional in Flammen, sind höchst engagiert und möchten ein Teil dieses großartigen Projekts werden. Sie möchten eigentlich nur noch wissen: »Wo kann ich unterschreiben?« Auf diese Frage solltest du vorbereitet sein und letztlich nur noch auf die entsprechende Stelle für die Unterschrift deuten. Die nächsten Schritte solltest du bereits parat haben, um sie für den Geldgeber so schnell und unkompliziert wie möglich in die Tat umsetzen zu können.

Ein »Wie können Sie uns denn helfen?« oder ein »Ich komme dann auf Sie zurück« sind absolut inakzeptabel und zerstören alles, was du dir bis hier hin aufgebaut hast. Du solltest bereits wissen, was du konkret vom potenziellen Partner haben möchtest - noch bevor du dessen Büro betrittst. Frag dich: »Womit komme ich hier nach 30 Minuten des Präsentierens, Verhandelns und Storytellings wieder raus?« Handelt es sich um finanzielle Zuwendungen, sollten Betrag, Verwendungszweck und Überweisungsweg feststehen. Geht es um Sachzuwendungen, kann der Gründer nicht spezifisch genug sein, und bei der Anfrage nach Kontakten, muss er wissen, ob er mit der Queen oder dem Papst sprechen will.

Das heißt nicht, dass du nicht offen für zusätzliche Zuwendungen bleiben solltest. Diese stehen aber ganz am Ende, wenn der Deal besiegelt und in trockenen Tüchern ist. Dann können beide Parteien gemeinsam weitere Kooperationsmöglichkeiten ausloten. Wenn schließlich alle der »drei H's« erfolgreich bedient wurden, resultiert dies in zwei äußerst zufriedenen Geschäftspartnern: dir und deinen Financiers.

FAZIT Hast du nun also Verrückte gefunden, die eine riskante und teure Reise in die Welt des Unternehmertums finanzieren, kannst du mit deinem Schiff und der Crew nach Plan loslegen … doof nur, wenn gerade Flaute ist. Denn ohne Wind in den Segeln bewegt sich das Schiff keinen Zentimeter. Wenn dieser von alleine nicht kommen will, musst du eben selbst für entsprechenden Wirbel sorgen!

Share it, like it, sell it!

6

SO GEHT MARKETING HEUTE

EINLEITUNG OHNE MARKETING KEIN BUSINESS! DIE ZEITEN, IN DENEN ENTREPRENEURE PRODUKTE OHNE MARKETING UNTER DAS VOLK BRINGEN KONNTEN, SIND SCHON LANGE VORBEI. DENN SOBALD ES ALTERNATIVEN ZU EINEM PRODUKT ODER SERVICE GIBT, MUSST DU ERKLÄREN, WARUM DEINE ALTERNATIVE DIE BESSERE UND DAS GELD DER KUNDEN WERT IST.

Seit 1450, mit Erfindung des Buchdrucks durch Gutenberg, ist Marketing eine Form zur Ansprache der Massen, ohne die riesige »Events« wie die Reformation wahrscheinlich nie stattgefunden hätten. Um es mal auf die Spitze zu treiben: Es hätte sich wohl keine der Weltreligionen ohne entsprechende »Mundpropaganda« (ein schreckliches Wort!) derart ausgebreitet. Wir sehen also: Wenn selbst der Allmächtige Marketing benötigt, dann ja wohl auch jeder Unternehmer!

BEISPIEL *Diese Einsicht hatte mir in der Zeit von Student Sponsoring leider noch gefehlt – was letztlich zum frühen Scheitern des gesamten Projekts führte. Wir erinnern uns: Die Idee war die Vermittlung eines Werbevertrags zwischen Unternehmen und Studenten. Das Unternehmen »sponsert« den Studenten mit 400 Euro pro Monat für das Tragen eines mit der eigenen Werbebotschaft bedruckten T-Shirts an mehreren Tagen in der Woche. Dieses Angebot, das an sich nicht schlecht war, hatte ich jedoch komplett falsch adressiert – und zwar auf beiden Seiten. Große multinationale Unternehmen sind nicht die Ersten, die von Studenten aus der Nähe profitieren. Kleinere, lokale Unternehmen, die diese Studenten eventuell selbst gerne als Kunden hätten, haben jedoch ein Interesse daran, sich in diesen Kreisen bekannt zu machen. Ich hätte persönlich in der lokalen Gastronomie oder in Vintage-Läden vorbeischauen sollen, anstatt Massen-E-Mails an DAX-Unternehmen zu schicken.*

Aber auch auf der Studentenseite hatte ich ein wichtiges Detail vergessen: Die Universität Mannheim ist mit etwas mehr als 10 000 Studenten relativ klein und vor allem auf Wirtschaftswissenschaften fokussiert. Da sie in diesem Bereich Deutschlands Spitze darstellt, sind sowohl die Rechtswissenschaften als auch die Sozial- und viele Geisteswissenschaften mit eindeutigem Wirtschaftsfokus ausgestattet.

Dieser Wirtschaftsfokus hat Konsequenzen für das Publikum, das an dieser Universität studiert. Während in Heidelberg und Tübingen beispielsweise Jutesäcke und »Jesuslatschen« zur Grundausstattung gehören, sind es in Mannheim Prada-Taschen und Pumps. Haben also Studentinnen, die mit High Heels und Cocktailkleid zum Pauken in die Bibliothek gehen, ein Interesse an meinen mit Werbung bedruckten T-Shirts? Oder würden die unzähligen »Polo-Spieler« ihre aufgestellten Kragen gegen meine 400-Euro-Shirts eintauschen? Die Antwort liegt auf der Hand und war das Todesurteil für Student Sponsoring.

Wir sehen also, Marketing ist nicht nur Werbung allein. Es vereint alle Maßnahmen, um das Produkt erfolgreich an den Markt zu bringen. Hierzu gehört es den Markt richtig zu definieren, ihn zu analysieren, Wege zu finden, Menschen auf das Produkt aufmerksam zu machen, und vieles mehr. Marketing erfordert Liebe fürs Detail und vor allem eine große Portion Kreativität. Es ist ein glücklicher Umstand, dass die Wichtigkeit des Marketings mit einem großen Spaßfaktor einhergeht - zumindest für die meisten Menschen. Und gerade das 21. Jahrhundert bietet unzählige neue und aufregende Wege, Produkte zu vermarkten - günstiger und effektiver als jemals zuvor!

Im folgenden Kapitel stelle ich daher die wichtigsten Elemente des Marketings im Bezug auf Gründer vor und biete Anreize, wie du dir und deinem Unternehmen in der Welt der bunten Reizüberflutung und ohrenbetäubenden Überinformation Gehör verschaffen kannst.

Im ersten Teil möchte ich erklären, was Marketing für Gründer selbst bedeutet. Hierbei steht die persönliche Marke des Unternehmers im Vordergrund sowie einige Einsichten, wie du diese gestalten und transportieren kannst. Im zweiten Teil befasse ich mich schließlich mit Marketing im klassischen Sinne. Ich gebe einen groben Überblick, was du bei der Gestaltung deiner Marketingstrategie beachten solltest, was funktioniert und was eher nicht. Abschließend widme ich mich dem »Marketing 2.0«, das sich mit Methoden beschäftigt, die das Internet und dessen Popkultur mit sich gebracht hat.

Bevor wir aber in eine Welt der eingängigen Indiepop-Werbemusik und frechen Helvetica-Taglines abdriften, einige Worte der Besinnung: Nichts geht über Substanz! Unsere Welt ist bereits mit Bullshit (ein Phänomen, das ein ganzes Kapitel wert wäre) und schön verpackten Päckchen aus Luft überflutet. Wir brauchen keine Unternehmer, die bei diesem Spiel mitmachen und den Haufen noch vergrößern. Transparenz, Offenheit und Ehrlichkeit sind die Erfolgsfaktoren einer langfristigen Marketingstrategie.

Nichts geht über Substanz! Unsere Welt ist bereits überflutet von Bullshit.

Denn für mich ist Marketing wie ein Ehestifter, der Kunden und die für sie bestimmten Produkte vereint. Es geht nicht darum, künstlich einen Bedarf zu kreieren, sondern diejenigen zu finden, die du mit deinem Service oder Produkt zufriedenstellen, ja im besten Falle glücklich machen kannst. Das heißt letztlich, dass das Produkt oder der Service entscheidend ist. Es geht darum, ein Produkt für die Zielgruppe sichtbar und erreichbar zu machen, für die es eine Erleichterung darstellt oder einfach nur Freude bringt. Denn die Kundenzufriedenheit ist das wichtigste langfristige Gut, dass ein Unternehmer sammeln kann. Wie zufrieden deine Kunden sind, entscheidet letztlich mit über deinen Ruf – und der ist alles!

Was heißt Marketing?

Dass der Ruf wichtig für den Umsatz ist, ist nichts Neues: Schon immer mussten Firmen darauf achten, welches Bild sie in der Öffentlichkeit abgeben. Und dennoch hat sich etwas verändert. Wir leben heute in einer Welt der gesteigerten Transparenz in fast allen Bereichen unseres Lebens. Dies hat auch Auswirkungen auf die Rolle des Unternehmers.

Dies ist hauptsächlich dem Internet und hier vor allem dem Aufstieg sozialer Komponenten zu verdanken. Gerade hier stellt der Ruf des Individuums eine zentrale Währung in unserer digital-erweiterten Welt dar. Wir leben nicht mehr nur analog oder digital - unsere Welten sind verschmolzen. Dies sollte uns allen - vor allem aber den Unternehmern - klar sein.

Somit hat sich auch das Marketing verändert: Es wurde persönlicher. Es wurde zu einer beidseitigen Kommunikation mit den Kunden, die zwar schon immer Wert auf Authentizität gelegt haben, dies nun aber besser überwachen können. Menschen gehen professionelle Beziehungen mit anderen Menschen ein - nicht mit einer Firma. Sie kaufen von Menschen, denen sie vertrauen, und hören auf Ratschläge anderer Kunden. Unternehmer stehen im Mittelpunkt der Aufmerksamkeit und müssen daher ihre eigene Marke kreieren.

DIE PERSÖNLICHE MARKE

Wie jede Marke ist die persönliche Marke des Unternehmers Geld wert. Serien-Entrepreneure, die ein Unternehmen nach dem anderen aus dem Boden stampfen, verdanken ihren Erfolg nicht nur ihren Erfahrungen und Fähigkeiten, sondern vor allem dem, was sie verkörpern. Investoren, die noch nie mit Sir Richard Branson oder Mark Cuban zusammengearbeitet haben, stünden schon heute Schlange, würde einer der beiden morgen ein neues Projekt ankündigen. Denn sie wissen: Es stünde – genau wie die beiden Unternehmer – für Erfolg, Aufmerksamkeit und Rock 'n' Roll!

Aber nicht nur im internationalen Umfeld lassen sich wahre Marken ausmachen, auch hier in Deutschland gibt es Personen, die gleichermaßen zu einer Marke geworden sind. Franz Beckenbauer oder Heidi Klum zum Beispiel sind mehr als Namen. Sie sind Marken, die für sehr spezifische Eigenschaften, Taten und Aussagen stehen, ebenso wie Claus Hipp. Entrepreneure arbeiten stetig und häufig unbewusst an ihrer Marke. Besonders im Zeitalter der Selbstinszenierung der Massen durch Facebook und Co. sollte dies jedoch entsprechend professionell sein. Je früher professionelles Marketing im Unternehmen Einzug hält, desto besser.

LILI RADU: »Da die Marke meinen Namen trägt, ist personalisiertes Marketing das A und O. Aber auch die Markenstrategie ist eindeutig: Meine Produkte stehen für klassischen Chic, handgearbeitete Qualität, frische Farben und die Symbiose aus Funktionalität und Eleganz. Die Marke steht für elegantes Understatement, die Produkte tragen nach außen hin zum Beispiel kein großes Branding. Am Anfang wollte ich meine Person aus dem Marketing raushalten, habe dann aber gemerkt, dass Leute die persönliche Story dahinter lieben und die Marke unabhängig von meiner Person nicht funktioniert. Deshalb gebe ich jetzt Interviews, mache Homestories und so weiter.«

BEISPIEL *Ein Werkzeug, mit dem du an deiner eigenen Marke arbeiten kannst, ist Folgendes. Nimm dir einen Moment Zeit und frage dich: »Welche fünf Eigenschaften möchte ich mit mir als Person assoziiert wissen?« Überlege dir anschließend, welche drei Maßnahmen du für jeden Punkt treffen solltest, um diesen tragfähig und über lange Zeit zu repräsentieren.*

Sagen wir, du hast dir folgende Attribute ausgesucht: Zuverlässigkeit, Offenheit, Entscheidungsstärke, Kreativität und Attraktivität. (Wer wäre das nicht gerne? Und ja, auch das lässt sich planen.) Hierzu könnten folgende Maßnahmen passen:

Zuverlässigkeit:
a) immer pünktlich sein – das heißt, Meetings pünktlich beginnen und pünktlich beenden,
b) abgegebene Versprechen stets halten,
c) Erwartungen anderer bezüglich der eigenen Aufgaben stets erfüllen, wenn möglich übertreffen.

Offenheit:
a) ehrlich sein, auch wenn es weh tut,
b) Entscheidungswege transparent gestalten,
c) offen für die Probleme anderer sein und sich für diese Zeit nehmen.

Entscheidungsstärke:
a) getroffene Entscheidungen nur unter absolut notwendigen Bedingungen ändern,
b) Entscheidungen zeitnah und präzise treffen,
c) stets den Folgeschritt aufzeigen.

Kreativität:
a) Analogien zu nicht verwandten Berufsfeldern ziehen,
b) um die Ecke denken,
c) keine Information ohne Emotion.

Attraktivität:
a) In das Äußere investieren (wer mehr Geld für einen Abend in der Bar ausgibt, als für seinen Haarschnitt, sollte seine Prioritäten ernsthaft überdenken).
b) subtiles Flirten praktizieren – überall und zu jeder Zeit,
c) Selbstsicherheit demonstrieren oder vortäuschen (beides funktioniert einwandfrei!).

Es reicht aber nicht, diese nur aufzustellen – du solltest stets überprüfen und evaluieren, ob du diesem langfristigen Mantra im täglichen Leben gerecht werden kannst.

TILL STEINMAIER: »Ein schöner Leitspruch meines Onkels lautet: ›Underpromise - overdeliver!‹ Er ist Personalberater, und wenn er verspricht, innerhalb von drei bis vier Wochen ein bis zwei gute Kandidaten zu liefern, dann sind es nach zwei Wochen möglichst vier. Wir übersetzen das für uns, indem wir Laptops stets sorgfältig reinigen, auch wenn wir nur eine Software-Einrichtung machen.«

Als Teenager habe ich mein Taschengeld mit Theaterspielen verdient und stand einen Großteil meiner freien Zeit (manchmal auch während der Schulzeit) auf privaten wie staatlichen Bühnen. Hier habe ich ein Phänomen entdeckt, dass sich »Schauspielerkrankheit« nennt: die Tendenz, sich selbst stets zu beobachten. Wie sitze ich? Wie spreche ich? Wie stehe ich? Ich sehe dies jedoch nicht als etwas Schlechtes an und bin überzeugt, dass viele Menschen gerade in der Businesswelt hiervon profitieren könnten. Schließlich stehen wir alle jederzeit im Rampenlicht und damit unter Beobachtung - sowohl real als auch digital. Es wäre fahrlässig, hier nicht selbst ein prüfendes Auge auf unsere Außenwirkung zu werfen. Damit geht die ständige Überprüfung, ob unsere Taten und Aussagen noch zu unserem Selbstbild und damit zu unserer angepeilten Marke passen, einher. Wichtig sind auch hier Vertraute, die dir hin und wieder sagen: »Heute waren deine Kommentare destruktiv, unangebracht und unprofessionell!«

Immer ein offenes Ohr für ehrliche Kritik haben! Oftmals sehen wir unsere Schwächen nicht und sind auf die Eindrücke unserer Umwelt angewiesen.

Die persönliche Marke begleitet Unternehmer überall hin, meistens eilt sie ihnen sogar voraus. Von Vorträgen vor Publikum über Veröffentlichungen im Netz oder in Magazinen bis hin zum Team-Teil des eigenen Businessplans - das ist jedes Mal eine neue Chance, die Marke zu schärfen, aber auch ein Risiko, diese zu zerstören. Diese Wechselbeziehung sollte dir als Gründer klar sein: Marketing ist omnipräsent. Das bedeutet sowohl, dass du selbst das Bild deines Unternehmens sowie dessen Produkte vermarktest, als auch, dass du diese durch unprofessionelles oder widersprüchliches Verhalten beschädigen kannst. Auch Fehler im Unternehmen oder eine Fehlfunktion des Produkts können der persönlichen Marke schaden. Hierbei gilt: »Ist der Ruf erst ruiniert, lebt es sich bald ohne Kunden.«

DIE MARKENSTRATEGIE

ÜBUNG Die Markenstrategie beinhaltet die Fragen, die du dir bei deiner eigenen Marke stellen solltest:
Welche Aussage soll die Marke haben?
Welche Werte soll sie vermitteln?
Welche Assoziationen soll sie in den Kunden wecken?

Sobald du eine genaue Vorstellung davon hast, was du mit deiner eigenen Marke verkörpern willst, lässt sich dies wesentlich einfacher auf die Marke des Unternehmens und der Produkte übertragen. Um dies zu gewährleisten, solltest du, bevor du dich mit Logos, Taglines und dergleichen beschäftigst, eine Markenstrategie entwickeln.

Ein Beispiel hierfür wäre die Marke Haribo – ich muss nichts weiter sagen, sofort tönt der eingängige Werbejingle im Ohr und die bunten Bären springen vor das geistige Auge. Noch tiefer können wir mit der Marke Hipp gehen. Denn sie steht nicht nur für den lustigen Herrn in traditioneller Tracht, sondern für »Vertrauen«, »Zuverlässigkeit« und »Wohlbefinden«.

Wenn wir an Apple denken, so denken wir an »Innovation«, wobei wir bei Microsoft eher an abstürzende Rechner denken – nur ein Grund, warum die Marke Apple die von Microsoft an Wert bei weitem übertrifft.

Vision und Mission

Wenn du also beginnst, deine Markenstrategie auszuformulieren, solltest du am besten mit der Unternehmensvision beziehungsweise -mission beginnen. Diese beiden Termini sind nicht scharf getrennt, sollen aber grundsätzlich den emotionalen Antrieb sowie das langfristige Unternehmensziel auf ansprechende

Ein gutes Vision- oder Mission-Statement sollte den Wert für die Kunden enthalten und Inspiration liefern – aber gleichzeitig plausibel, prägnant und präzise sein. Art und Weise formulieren. Die Frage, die in jedem Fall beantwortet werden sollte, lautet: »Warum existiert das Unternehmen und warum tut es, was es tut?«

Die Vision kann als das ferne und ideologische Ziel gesehen werden, das eventuell nie vollständig erreicht wird, wohingegen die Mission die konkretere Kundenansprache übernimmt und vermittelt, was die Kunden davon haben.

BEISPIEL *Die Vision Apples aus den 80er Jahren lautet: »einen Beitrag für die Welt leisten, indem wir Werkzeuge für den Geist entwickeln, die die Menschheit vorantreiben«* [5]. *Ein weiteres und etwas konkreteres Beispiel ist die Vision oder Mission von Amazon: »die kundenorientierteste Firma der Welt zu sein; einen Ort zu schaffen, an den Menschen alles finden und entdecken können, das sie gerne online kaufen möchten«.*

Nicht das »Was« zählt, sondern das »Warum«

Die persönliche Geschichte wird durch die eigene Marke ein Teil der Mission. Denn erst, wenn Unternehmer, Unternehmen, Produkte sowie Kunden miteinander in einer logischen, inspirierenden und zukunftsweisenden Verbindung stehen, ist der richtige Weg eingeschlagen.

Hierbei sollten Entrepreneure eine Besonderheit der Kundenansprache beachten, die von Simon Sinek in seinem (für die Marketingwelt fast schon prophetischen) TED-Talk »How great leaders inspire« präsentiert wurde.

Er sagt: Menschen kaufen nicht, was du tust, sondern warum du es tust! (Im Englischen: »People don't buy what you do but why you do it«; »to buy something« steht sowohl für »abkaufen« als auch für »glauben«, womit sich das Konzept auch auf Vorträge, Ideen und andere generelle Vorhaben anwenden lässt.)

Die logische Ansprache verläuft normalerweise so: »Was? Wie? Warum?« Sie folgt also dem Pfad vom konkretesten Bestandteil hin zum schwammigsten. Dies ist oft auch die Art und Weise, wie wir kommunizieren.

Simon Sinek nutzt das Beispiel von Apple und sagt: Würde Apple kommunizieren, wie alle anderen auch, klänge das so: »Wir stellen großartige Computer her. Sie haben ein großartiges Design, sind einfach zu bedienen und äußerst benutzerfreundlich. Wollen Sie einen kaufen?« Nicht sonderlich ansprechend – oder?

Im Gegensatz dazu, so Sinek, kommuniziert Apple tatsächlich aber auf diese Weise: »Wir glauben daran, in allem was wir tun, den Status quo herauszufordern, wir glauben an Querdenker und Visionäre. Wir fordern den Status quo heraus, durch großartiges Design und Produkte, die für jeden einfach zu bedienen und benutzerfreundlich sind. Wir stellen großartige Computer her. Wollen Sie einen kaufen?« Das ist schon was anderes!

Warum? Wie? Was?

Das heißt, die Ansprache sollte von innen nach außen, von dem, woran du selbst glaubst, wovon du überzeugt bist, hin zum konkreten Vorhaben verlaufen: »Warum? Wie? Was?« Wenn du dies nun mit dir, deiner Firma, deinen Produkten und Kunden verbindest, kann es mit dem Rollout losgehen!

KATJA ANDES: »Frisch gebackene Gründer haben häufig das Gefühl, dass die eigene Idee vielleicht noch zu klein oder nicht spannend genug für die großen Medien sei. Das stimmt meist nicht. Wichtig ist, dass die Idee in eine Geschichte verpackt wird, die man gerne erzählen möchte, und dass die Vision packend ist. Ich hatte mit meinem Projekt Sunny Office damals erst ein Event mit sieben Leuten durchgeführt und eine relativ simple Webseite – und habe es trotzdem auf Spiegel Online geschafft. Der Schlüssel war, gezielt Journalisten anzuschreiben, die schon über ähnliche Themen berichtet hatten. Ich habe eine persönliche E-Mail an fünf Journalisten geschrieben und kurz und prägnant erläutert, warum das Thema gut dazu passt. Das Resultat: eine positive Antwort mit enormer Wirkung!«

Konventionelles Marketing

Uns ist nun klar, worauf wir grundlegend bei allen Marketingbestrebungen achten sollten. Deshalb kommen wir nun zu den Marketingaktivitäten an sich. Bevor du dir aber über das Vermarkten des Produkts und Unternehmens Gedanken machen kannst, benötigst du eine »physische« Marke.

Eine Marke, egal ob die persönliche der Gründer, die des Produkts oder des Service, benötigt gewisse konkrete Elemente, um sie besser durch Raum, Zeit und vor allem das Internet transportieren zu können.

Folgende Schritte stehen vor der erfolgreichen Gestaltung einer Marke:
▶ dem Kind einen Namen geben,
▶ das Logo designen (lassen),
▶ die Vision niederschreiben,
▶ die Tagline entwickeln,
▶ die Marke in die Corporate Identity einbinden.

NAME An erster Stelle steht natürlich der Firmen- oder Produktname. Dieser sollte einprägsam, bedeutungsvoll und nicht zu kompliziert sein. Du kannst beispielsweise mit sinnverwandten Wörtern zur Idee beginnen und mit diesen spielen. Auch bereits vielgesuchte Wörter im Netz können Ansatzpunkte liefern. Es gibt zwar einige Websites, die Firmennamen kreieren, aber ich glaube, dieser Akt der Schöpfung ist wichtig für Unternehmer und auch besonders als Teamaufgabe geeignet. Eine gemeinsame Kreation erhöht die emotionale Bindung, also die aktive Identifikation (Ownership) des Kernteams mit dem Unternehmen.

BEISPIEL *Am besten entwickelst du ein Wort, das positiv konnotiert oder assoziiert wird: Ein Glanzstück der Markennamen ist beispielsweise Viagra, das im Englischen an die Niagarafälle erinnert und damit »Macht«, »Wucht« und »Unerschöpflichkeit« assoziiert – besser hätte es wohl nicht getroffen werden können. Auch erfundene Namen wie Opodo, Hulu oder Babbel sind möglich.*

Wichtig ist, darauf zu achten, dass das Wort nicht nur schön auf dem Papier erscheint, sondern auch entsprechend gut gesprochen werden kann. Zu viele Konsonanten sollten hier vermieden werden, vor allem wenn es um ein potenziell internationales Publikum geht.

Bevor du den Namen in Stein meißelst, überprüfe mittels Internetsuchmaschinen, ob er bereits vergeben ist oder im Spanischen nicht eventuell »Blamage« bedeutet. Auch Freunde und Familie sollten wieder als Versuchskaninchen herangezogen werden, um die Wirkung des neuen Namens zu erfragen – schließlich ist eine Namensänderung später mit enormen Kosten und Verlusten im Markenwert verbunden.

LOGO Als nächstes geht es ans Logo – ein visuelles Wiedererkennungszeichen, welches das Unternehmen auf Schritt und Tritt begleiten wird. Dies kann entweder eine Grafik (Bildmarke), ein speziell designter Text (Wortmarke) oder beides kombiniert (Wort-Bild-Marke) sein. Wichtig ist, dass du auf Schlichtheit und Flexibilität in der Anwendung achtest, vor allem im Bezug auf das Internet. Denn höchstwahrscheinlich wird der Großteil der Marketingaktivitäten im Netz stattfinden, wo das Logo in sonstiger kreativer Weise verwendet werden kann.

Auch hinsichtlich der verwendeten Farben ist weniger mehr. Zwar sollte es auffallen, was eher knallige Farben andeutet, dennoch sollten Zeitlosigkeit und Geschmack dominieren, schließlich bilden die Farben des Logos später die Grundfarben für das Corporate Design. Wichtig ist, dass das Symbol mit dem Text harmoniert.

Natürlich ist dies jedem selbst überlassen und lediglich dem eigenen (Un-)Sinn für Ästhetik unterworfen. Niemand muss sich stilvoll kleiden, und es ist auch niemand dazu verpflichtet, ein geschmackvolles Logo zu entwerfen – wirklich wichtig ist im Endeffekt nur der Wiedererkennungswert (auch wenn wir alle gemeinsam nach einer besseren und schöneren Welt streben sollten).

Zuletzt sollte auch das Logo die eigene Persönlichkeit und die des Unternehmens vereinen. So stellst du sicher, dass bereits der erste visuelle Kontakt der Kunden mit dem Unternehmen ein Schritt in Richtung einer persönlichen Beziehung ist.

Die zentrale Rolle des Logos lässt ihm eine entsprechende Wichtigkeit zukommen. Da es letztlich sowohl Nutzenversprechen als auch Werte transportieren soll, lohnt es sich, über ein professionell gestaltetes Logo nachzudenken. Das kostet zwar Geld, ist aber eine Investition, die sich auszahlt – wohingegen ein schlecht designtes Logo Kunden abschrecken kann.

VISION Nun ist es auch an der Zeit, die zuvor entwickelte Vision in Worte zu fassen. Hierbei solltest du stets im Kopf behalten: Die Marke ist ein Versprechen, das es zu halten gilt.

TAGLINE Die Tagline ist ein kurzer Satz oder eine Reihe von Worten, die in Verbindung mit Logo und Namen den ersten Eindruck des Unternehmens abrunden. Die besten und einprägsamsten unter ihnen kennen wir alle: »Weil ich es mir wert bin«, »Just do it!« und nicht zu vergessen »Think different«.

Hier gelten wieder die drei Ps des erfolgreichen Schreibens in der Businesswelt: Präzision, Prägnanz und Positivität. Hinzu kommt, dass die Tagline einzigartig sein sollte, damit sie sich von denen anderer abhebt. Einfachheit ist gefragt, schließlich willst du nicht wie Douglas enden, deren »Come in and find out!« in Deutschland als »Komm rein und versuch wieder rauszufinden!« missverstanden wurde.

Die wichtigste Eigenschaft aber, die erfolgreiche von weniger eindrucksvollen Taglines unterscheidet, ist der Bezug zu den Kunden. Anstatt die Tagline wie das Logo auf das eigene Unternehmen, Produkt oder den Service zu beziehen, sollte sie sich an die Kunden wenden und ihnen vermitteln, was das Unternehmen mit ihnen zu tun hat. Dass dies funktioniert, sehen wir an allen drei der zuvor genannten Beispiele: »Du bist es dir wert, also investiere in deine Schönheit - wir helfen dir dabei.« »Steh auf, beweg dich, mach es! Wir unterstützen dich dabei!« »Denke um die Ecke, sei anders, werde eine Inspiration für andere - wir ermöglichen es dir!« Und das alles in nur ein paar Worten!

CORPORATE IDENTITY Hat der Unternehmer die mehr oder weniger greifbaren Elemente seiner Marke definiert, gilt es, diese im nächsten Schritt in die Corporate Identity einzubinden.

Die Corporate Identity umfasst alle Elemente, die das Unternehmen von anderen unterscheidet. Hierzu gehören Templates, Visitenkarten, Websites und Briefköpfe ebenso wie die oben bereits erwähnte Corporate Culture, das Corporate Design, die Unternehmensphilosophie und vieles mehr. Um dies zu gewährleisten, reicht es nicht aus, nur die visuellen Elemente zu übernehmen.

Eine einheitliche Sprache des Unternehmens hilft, eine starke Marke zu entwickeln.

Ist der Umgangston eher salopp und frech? Oder geht es mehr um Inspiration? Oder steht höchste Leistungsbereitschaft für die Kunden an erster Stelle? Diese Charakteristika lassen sich in der Sprache, wie das Unternehmen nach außen ebenso wie nach innen kommuniziert, ausdrücken. Es mag Unternehmen geben, die eine klare Grenze zwischen Innen- und Außenkommunikation ziehen, ich halte dies jedoch nicht mehr für zeitgemäß. Diese Trennung provoziert nicht nur Fehler und Verwirrung bei Mitarbeitern, sondern verzerrt auch die Beständigkeit, die das Unternehmen für den Aufbau einer starken und glaubhaften Marke benötigt.

DER MARKETING-MIX

Im Zeitalter des Web 2.0 und Social Media ist es manchmal leicht zu vergessen, dass auch ganz »banale« Entscheidungen wie, »an welchem Ort« ein Unternehmen gegründet, betrieben und vermarktet wird, entscheidend sind. Deswegen möchte ich hier die »4 + x« konventionellen Elemente einer holistischen Marketingstrategie präsentieren, von denen sich vier seit Beginn der 60er Jahre (also noch vor der Erfindung des Internet!) nicht verändert haben.

»Wenn ein Erfinder im Silicon Valley sein Garagentor öffnet und seine neuste Erfindung präsentiert, hat er 50 % des Weltmarkts direkt vor der Tür. Wenn ein Erfinder in Finnland sein Garagentor öffnet, starrt er in meterhohen Schnee.« – J.O. Nieminen, CEO Nokia Mobira, 1984

DIE VIER TRADITIONELLEN P'S DES MARKETING-MIX VON JEROME MCCARTHY SIND:

▶ »Product« (Produktpolitik),
▶ »Price« (Preispolitik),
▶ »Promotion« (Kommunikationspolitik),
▶ »Place« (Distributionspolitik).[6]

Dies sind die vier grundlegenden strategischen Felder, die Entrepreneure bei der Vermarktung ihrer Produkte oder Services beachten sollten. Das fünfte P wurde im Laufe der Zeit hinzugefügt, ausgetauscht, erst durch zwei, dann fünf weitere ergänzt und aufgebläht. Genau genommen kann hier jeder alles einfügen, solange es irgendwie mit Marketing zu tun hat und im Englischen mit P beginnt. Für unsere Zwecke erweitern wir die P's im Zusammenhang mit dem Servicemarketing, da sich dieses vom Produktmarketing in einigen Kerneigenschaften unterscheidet.

Wer ein Experte in Marketingstrategien werden möchte, kann sich eine der kiloschweren Fachbibeln zulegen und Tage, Wochen ja gar Monate mit der Lektüre verbringen. Darum geht es hier aber nicht. Daher präsentiere ich dir die vier P's im Folgenden so, dass du daraus direkte Handlungen für dein eigenes Start-up ableiten kannst.

Product

Die Produktpolitik bezieht sich auf alle Entscheidungen, die der Gründer bezüglich der einzelnen angebotenen Produkte sowie des Produktsortiments trifft. Hier kommen alle Punkte des Kapitels über das Produkt zum Tragen, ebenso wie die bereits im Businessplan angesprochene Marktsegmentierung.

KATJA ANDES: »Das Interesse an einem Service oder einem Produkt sollte man testen, bevor man alle Details organisiert oder entwickelt. Ich habe zweimal gute Erfahrungen damit gemacht: Beim Idea Camp haben wir den ersten Workshop ausgeschrieben, bevor es Detailinhalte oder Präsentationen gab. Bei Sunny Office hatte ich die ersten Teilnehmer, bevor die Location gemietet war.«

Es stellt sich die Frage, ob wir heute noch innovative und erfolgreiche Produkte vermarkten können, ohne einen entsprechenden Service mit anzubieten. Führende Produkthersteller wie Apple zeichnen sich nicht zuletzt durch einen überdurchschnittlichen Kundenservice aus. Aus diesem Grund möchte ich dich daher auf einige wichtige Elemente des Servicemarketings aufmerksam machen.

Die vier definierenden Eigenschaften eines Service, die ihn von einem Produkt unterscheiden, sind laut Wolak, Kalafatis und Harris »Nichtgreifbarkeit«, »Untrennbarkeit«, »Heterogenität« und »Vergänglichkeit«.[7] Diese sollten klar sein, wenn ein Service entsprechend vermarktet werden soll.

Nichtgreifbarkeit, Untrennbarkeit, Heterogenität und Vergänglichkeit unterscheiden Service von Produkt.

Gehen wir noch genauer auf die vier Eigenschaften ein. Die Nichtgreifbarkeit beschreibt die Natur des Service, der an sich weder Aussehen noch Eigenschaften im Sinne des Produkts hat. Sie ruft ein weiteres P auf den Plan:

PHYSICAL EVIDENCE Physische Anhaltspunkte, die Entrepreneure bei der Gestaltung ihres Service beachten sollten, vereinen alle tatsächlich greifbaren Elemente, die im Zusammenhang mit dem Service stehen. Hierzu gehören das Ambiente des Ortes, an dem der Service ausgeübt wird, die Broschüren, die den Service beschreiben, sowie eventuelle Produkte, die zur Durchführung des Service verwendet werden, und vieles mehr. Achte hierbei darauf, dass diese Anhaltspunkte stellvertretend für das Qualitätsversprechen sowie die Werthaltigkeit des Service stehen. Diese Anhaltspunkte sollten den angebotenen Service konsequent komplementieren.

PROCESSES Die Untrennbarkeit bezieht sich auf das »Produzieren« durch das Unternehmen sowie das »Konsumieren« durch Kunden, die bei dem Service zeitlich zusammenfallen. Daher ist die Produktion, anders als bei den meisten Produkten, auch Teil der Konsumentenerfahrung. Die Untrennbarkeit sollte der Gründer mit entsprechenden Processes (Prozesse) - einem weiteren P - begegnen. Hierbei sollte er darauf achten, dass die Herstellung ebenso ansprechend ist wie der Service selbst. Die Zubereitung der Nudeln in den diversen Vapiano-Filialen ist nur ein Beispiel für standardisierte und wertschöpfende Prozesse in der Konsumentenerfahrung.

PEOPLE Die Heterogenität von Services beschreibt den Faktor eines weiteren P in der Konsumentenerfahrung: People. Da es die Mitarbeiter des Unternehmens - also Menschen - sind, die den Service letztlich leisten, ist jede erbrachte Leistung unterschiedlich, wie auch die Menschen, die sie vollbringen, unterschiedlich sind. Daher ist es wichtig, dass Gründer gerade bei erbrachten Services entsprechend viel in Mitarbeiter investieren. Sie sollten entsprechend geschult werden, um die Konsumentenerfahrung mit den oben angesprochenen standardisierten Prozessen weitestgehend qualitativ konstant zu halten.

Die Konsumentenerfahrung ist es nämlich, die darüber entscheidet, ob Kunden zufrieden sind - und nochmal kaufen - oder eben nicht. Aus dieser Not können Entrepreneure auch eine Tugend und einen entsprechenden Competitive Advantage machen. Das zu Beginn des Buches bereits angesprochene Qualitätsversprechen von Starbucks beispielsweise erlaubt es dem Unternehmen einen Höchstpreis für den gebotenen Service zu verlangen: Das »Lieblingsgetränk« des Kunden wird immer perfekt zubereitet - egal von wem und zu welcher Tageszeit.

Die Vergänglichkeit von Services beschreibt nicht in philosophischer Weise, dass alles auf Erden früher oder später ein Ende findet, sondern weist darauf hin, dass sich Services nicht lagern lassen. Ein ungenutzter Platz im Flieger verfällt und schlägt ein Loch in die Gewinnmarge des Fluges. Daher sind beispielsweise ausgeklügelte Preissysteme auch für Services relevant. Denn solange ein Fluggast mehr bezahlt als er durch sein Gewicht zusätzliches Kerosin kostet, lohnt es sich, ihn mit an Bord zu haben.

Price

Die Preisstrategie zu den eigenen Produkten und Services ist ein wesentlicher Bestandteil für den Erfolg. Denn der Preis ist mehr als eine bloße Zahl auf der Verpackung: Der Preis ist ebenfalls eine Positionierung des Produkts sowie eine Botschaft an Kunden.

Denn die Höhe des Preises legt nicht nur fest, wer sich das Produkt leisten kann und wer nicht - sie verspricht auch eine entsprechende Qualität und einen gewissen Wert für die Kunden. Viele Menschen haben immer noch eine Beziehung zwischen Preis und Qualität im Kopf, die besagt: Je höher das eine, desto höher das andere. Produkte haben ganze Niedergänge sowie Auferstehungen allein durch Änderungen in der Preisstrategie erlebt. Während Kunden beispielsweise scheinbar keine Verwendung für einen im mittleren Preissegment angesiedelten Whisky hatten, erzeugte eine Verdreifachung des Preises für das unveränderte Produkt eine hohe Nachfrage nach »Premium-Whisky«.

Bei der Wahl eines Preises solltest du gewisse (teilweise intuitive) Punkte beachten: Alle Kosten sowie Profite müssen von dem gewählten Preis gedeckt werden - auch Fixkosten für beispielsweise Miete und so weiter. Die Preise sollten zwar regelmäßig evaluiert und auf ihre Angemessenheit bezüglich des Markts, der eigenen Kosten sowie der Konkurrenz hin überprüft werden, aber dennoch sollten die resultierenden Schwankungen nicht zu groß werden. Nur eine stabile Preisentwicklung sichert entsprechende Verkaufszahlen.

Wie aber findest du einen Preis für dein neues Produkt? Nun, im Groben kann ich drei verschiedene Wege empfehlen:

1 Basierend auf den Kosten und einer definierten Gewinnmarge kannst du einen Preis »setzen«.

2 Ausgerichtet an der Konkurrenz kannst du dich entscheiden, ob du dich über einen niedrigeren Preis oder überlegene Produkteigenschaften definieren willst.

3 Ausgehend vom geschaffenen Wert des Produkts und Service für deine Kunden (hauptsächlich Geschäftskunden), kannst du dich an diesem beteiligen. Dieser Wert kann in einer gesteigerten Produktivität sowie Zeitgewinn für den Kunden oder der Akquise neuer Kunden für dich selbst begründet sein. Dies kannst du dann in deinem Preis entsprechend quantifizieren.

Promotion

Die Kommunikationspolitik beschreibt wohl den Teil, den sich die meisten Menschen unter Marketing vorstellen. Hierbei geht es also um die mehr oder weniger direkte Ansprache der Kunden und darum, sie durch Information oder Emotion zum Kauf der Produkte oder des Service zu animieren.

Die Strategie, die du hierfür entwickelst, drückt sich nicht nur in Ausmaß und Zeitraum, sondern auch in der Aufwendung der Mittel sowie der Wege der Kommunikation aus. Während ein mit vielen Millionen Euro ausgestattetes Projekt deutschlandweite Aktivitäten innerhalb weniger Wochen zulässt, ist es für Unternehmer ohne dieses Kapital dennoch möglich, erfolgreiche Promotion zu betreiben: diese verläuft dann persönlicher, lokaler und gradueller. Da die meisten Entrepreneure ohne gigantisches Startkapital auskommen müssen (und die, die es nicht müssen, Marketing-Consultants engagieren können), möchte ich mich hier hauptsächlich auf graduelle, persönliche Methoden konzentrieren.

Kundenakquise

Der deutsche Begriff beschreibt die zu unternehmenden Aktivitäten eigentlich wesentlich besser als der englische: Es geht hier um die Kommunikation mit Kunden. Das bedeutet, Unternehmer sollten sich raus aus ihrer »Wohlfühlzone« und rein in den Dialog begeben. Kunden sind keine magischen Wesen, die, sobald erstmal einige Köder auslegt sind, plötzlich mit großen Scheinen auftauchen. Gerade bei der Kundenakquise sollten Unternehmer ihre persönliche Marke nutzen.

JAMES ROPER: »Im zweiten Jahr nach der Gründung meines House Painting Business entschloss ich mich dazu, mein Marketing von dem Austeilen tausender Flyer und persönlichen Gesprächen auf Zeitungsanzeigen und Radiowerbung auszuweiten. Ich habe damals rund 2000 Dollar und unzählige Stunden in die Recherche, das Verhandeln sowie die Erstellung der Werbespots investiert. Die Ergebnisse waren äußerst enttäuschend. Nachdem ich einen ganzen Monat meiner Zeit verschwendet hatte, war ich wieder da, wo ich begonnen hatte. Ich habe verstanden, dass es keinen Ersatz für echte Schweißarbeit gibt, wenn es um das Aufziehen eines erfolgreichen Start-ups geht!«

Es gibt verschiedene Wege der Kundenakquise, die hier im Folgenden näher beschrieben werden. Sie sind:

▶ **Direkter Kontakt**

▶ **Weiterempfehlung durch Kunden**

▶ **Promotionaktivitäten**

▶ **Kostproben**

▶ **Partnerschaften**

▶ **Feedback-Kultur**

DIREKTER KONTAKT Der direkteste Weg ist natürlich, Kunden (gerade Geschäftskunden) einfach zu kontaktieren. Gründer sollten aber nirgends einfach so auftauchen oder anrufen (keine Kaltakquise!). Zuvor gilt es, den potenziellen Kunden eine Möglichkeit zu geben, sich über die Leistungen sowie die Person des Unternehmers erkundigen zu können.

Beim Erstgespräch ist es mehr als hilfreich, immer eine Bezugsquelle zu haben, auf die du verweisen kannst.

Hier bietet eine E-Mail mit einem entsprechend professionell gestalteten Flyer im Anhang oder mit Link auf die Homepage einen erstklassigen Eisbrecher. Gründer sollten erklären, warum sie sich melden (Drei-H-Strategie) und am besten einen persönlichen Termin vereinbaren. Falls dies unter keinen Umständen möglich ist, kann ein Telefonat oder ein Skype-Gespräch vereinbart werden. Bei jeder Kundenansprache sollten Entrepreneure darauf achten, einen relevanten Beitrag für die Kunden zu kommunizieren - sprich das Bedürfnis der Kunden aufzeigen, sodass sie es erkennen und sich helfen lassen.

WEITEREMPFEHLUNGEN Eine weitere Möglichkeit ist natürlich, ein Netz aus Weiterempfehlungen zu spannen. Gerade für Gründer, die aufgrund der Projektcharakteristika Schwierigkeiten haben, ihre gehobene Leistung direkt zu kommunizieren, ist dies eine verlässliche Vorgehensweise. Denn bei der Kundenakquise geht es hauptsächlich darum, Glaubwürdigkeit zu sammeln. Weiterempfehlungen, Referenzen und Testimonials auf der Homepage tragen hierzu bei – Kunden glauben anderen Kunden.

TILL STEINMAIER: »Sich komplett auf Weiterempfehlungen zu verlassen, ist in der Praxis eher schwierig. Unsere Erfahrung ist, dass in Deutschland Kunden nicht von selbst auf die Idee kommen, einen guten Service auch weiterzuempfehlen. Darum muss man versuchen, dies den Kunden möglichst leicht zu machen. Eine Grundsatzfrage, die man sich außerdem stellen sollte: Will ich Kunden für eine Weiterempfehlung belohnen? Wir machen das nicht, denn es gibt der Motivation für die Weiterempfehlung immer eine Färbung. Wir wollen weiterempfohlen werden, weil der Service gut war – nicht aufgrund einer Prämie.«

PROMOTIONAKTIVITÄTEN Bei mehr oder weniger indirekten Promotionaktivitäten geht es letztlich einfach nur darum, entsprechend viel Wirbel um die Marke und das Unternehmen zu machen – auf positive Art und Weise. Oft lohnt es sich, die Expertise der Gründer in einem anderen Feld zu nutzen, um indirekt für das neue Produkt, den Service oder das Unternehmen zu werben. Diese Werbung muss nicht direkt in Verbindung mit dem Produkt stehen, sollte sich jedoch gut nach außen hin darstellen lassen. Ein Beispiel hierfür wäre, Workshops oder Seminare abzuhalten, um damit die eigene Expertise zu untermauern und auf das Projekt aufmerksam zu machen.

Je kleiner oder jünger das Unternehmen, desto persönlicher die Kommunikation zwischen Gründern und Kunden.

Ebenso kann die Veranstaltung kleinerer Events dabei helfen, eine Kundenbasis aufzubauen. Egal ob Produkt-Launch-Partys, ein Spendenmarathon oder Neueröffnungen, diese Events ma-

SUBS TANZ

statt

BULL SHIT!

chen Wirbel und helfen dabei, das eigene Unternehmen bei potenziellen Kunden mit positiven Erfahrungen in Assoziation zu setzen. Unternehmer sollten sich entsprechend Mühe geben, denn wenn die Erfahrung negativ verankert bleibt, wird es auch die Sicht auf das Unternehmen.

KOSTPROBEN Die Ausgabe von Kostproben kann ebenfalls zu langfristigen Kundenbeziehungen führen. Egal ob eine zeitlich verkürzte Probe des Service oder eine Probe des Produkts – wenn es den Kunden gefällt, werden sie wiederkommen. Im besten Fall hast du immer etwas vom Produkt dabei, das Kunden anfassen können. Auch die Verknüpfung von Kostproben und Events kann zu großer Aufmerksamkeit und vielen Kunden führen. Kostengünstige Werbung ist ein hilfreiches Additiv. Warum nicht einen großen Sticker auf das eigene Auto kleben oder ein freches T-Shirt mit Bezug auf das eigene Unternehmen tragen? (Gut, da bin ich wohl etwas voreingenommen.) T-Shirts machen sich auch super als Geschenk – mit entsprechender Werbebotschaft. Bevor du aber mit einer T-Shirt-Kanone durch die Straßen ziehst, solltest du dir klarmachen, dass beispielsweise analoges Marketing für digitale Produkte nur eingeschränkt nützlich ist. Bis Kunden das digitale Produkt im Internet aufsuchen, vergeht zu viel Zeit, und du läufst Gefahr, potenzielle Kunden zu verlieren.

PARTNERSCHAFTEN Auch strategische Partnerschaften sind in Betracht zu ziehen. Die lokale IHK kann nicht nur Auskunft geben, sondern bietet mit zahlreichen Angeboten ausgezeichnete Möglichkeiten des Networkings. Immerhin ist es ihr Auftrag, die Privatwirtschaft zu fördern. Du solltest dich mit den Mitarbeitern, den Abteilungen sowie dem Angebot vertraut machen und erfragen, welche Synergieeffekte sich herausarbeiten lassen. Hier kannst du Vorträge halten, deine Expertise teilen und wichtige Partner für potenzielle Events gewinnen.

LILI RADU: »Ich hatte von Anfang an eine starke Corporate Identity. Als kleines Label ist es aber vor allem wichtig, sich mit großen Namen zu umgeben, deshalb sind Kooperationen so essenziell für mich. Natürlich gehört auch immer ein Fünkchen Glück dazu. Letztes Jahr zum Beispiel kam Apple auf einer Messe an meinen Stand, ich durfte meine Marke im Headquarter in London vorstellen und wurde als erste Deutsche ausgesucht, eine exklusive Kollektion für Apple zu designen. Diese Kooperation hat mir ein riesiges und vor allem kostenloses Medienecho beschert – Bild, FAS, InStyle, ZEIT Magazin, alle haben darüber berichtet.«

Auch die Mitgliedschaft in einschlägigen Vereinen und Verbänden kann diesem Zweck dienen – also warum nicht mal beim »Verband deutscher Cupcake-Bäcker« vorbeischauen? Auch Werbepartnerschaften können mit geringem Kapitaleinsatz entsprechende Renditen abwerfen. Warum nicht zu jeder Brezel die selbstentwickelte Glasur anbieten und gemeinsam bewerben? Geringere (da geteilte) Kosten und eine größere Abdeckung der Zielgruppe machen diese Art der Promotion gerade bei jüngeren Start-ups beliebt.

FEEDBACK Je enger Gründer mit ihren Kunden zusammenarbeiten, desto besser für das Unternehmen. Besonders Verbesserungsvorschläge sind für jeden Unternehmer bares Geld wert. Eine entsprechende Feedback-Kultur gleich zu Beginn zu implementieren ist daher essenziell. Der Gründer sollte stets nach der Zufriedenheit der Kunden und der Befriedigung ihrer Bedürfnisse fragen.

Abschließen möchte ich mit einem Zitat des großartigen Werbetexters David Ogilvy, der meines Erachtens die Formel für den Erfolg aller Werbeaktivitäten auf den Punkt gebracht hat. Der Tipp links gilt für die Vermarktung der Produkte, Services, des Unternehmens sowie der persönlichen Marke gleichermaßen.

Sag die Wahrheit, aber mach die Wahrheit faszinierend.

Place

Die Frage nach der Distributionspolitik beschäftigt sich mit der Art und Weise, wie das Produkt zum Endverbraucher kommt. Gerade bei der Gastronomie oder frei eröffneten Geschäften ist es aber letztlich auch der tatsächliche Ort der Gründung. Für junge Start-ups im Speziellen bietet das Internet komplett neue Wege, was den physischen Verkauf der Produkte angeht. Deswegen möchte ich hier nur einige Zeilen auf den Ort der Gründung verwenden und nicht über potenzielle Distributionsstrategien theoretisieren.

Physische Produkte oder Services, die an der Person selbst angewendet werden (oder aufgrund eines anderen Umstandes die physische Präsenz der Kunden sowie Unternehmer erfordern), stellen spezielle Anforderungen an den Ort der Gründung. Lohnt es sich wirklich, in einem Dörfchen am Berg einen Surfladen aufzumachen? Diese Entscheidung ist bezüglich ihrer Wichtigkeit nicht zu unterschätzen, denn selbst globale Akteure können hier grandios scheitern - Walmart in Deutschland ist nur ein Beispiel.

Egal ob als Selbstständige, Serviceprovider oder Produkthersteller, Unternehmer können sich an sogenannten (Industrie-)Clustern ◆ orientieren. Warum gehen beispielsweise viele Techies nach Berlin? Dort ist das Know-how, dort ist die Gemeinschaft, dort sind Infos und Investoren. Nach dem Motto »gleich und gleich gesellt sich gern« können diese Cluster überall auf der Welt gefunden werden: die Filmindustrie in Hollywood, die Automobilindustrie in Baden-Württemberg, Finanzen in Frankfurt und Kunst in München, Hamburg sowie Berlin.

◆ *Cluster: Ansammlungen von miteinander in Verbindung stehenden Akteuren (komplementär oder konkurrierend) verwandter Industrien.*

Gründer können diese Synergieeffekte für sich nutzen. Gerade Unternehmer im kreativen Bereich sollten sich überlegen, ob sie der Herde in diesem Fall nicht folgen sollten. Du kannst dir die Effekte wie bei einem überdimensionalen Coworking-Space vorstellen, den ich bereits im vorherigen Kapitel erwähnt hatte. Natürlich gilt es auch hier, die Konkurrenz zu beachten; Es ist jedoch durch Erfahrung bewiesen, dass das System von Clustern äußerst erfolgreich funktioniert. Tatsächlich fördern Staaten und Länder einschlägige Entwicklungen, wovon du eventuell profitieren könntest.

Bei all ihren Bestrebungen sollten Entrepreneure offen auf die Menschen, die sie (egal auf welche Art und Weise) unterstützen könnten, zugehen. Menschen sind gerne ein Teil von etwas und haben Spaß, an Projekten mitzuwirken, auch wenn sie nicht unbedingt unmittelbare Vorteile aus ihrem Engagement ziehen können. Du solltest ihnen eine Chance dazu geben! Willst du beispielsweise als Künstler loslegen, warum dann nicht die eigenen Bilder in einem lokalen Café ausstellen? Der Besitzer hat das Ambiente gehoben und du kannst erste Kunden gewinnen. Genuss und Kunst gehen eben gut zusammen – genau wie Marketing und das Internet! Das sehen wir gleich im nächsten Kapitel.

Marke-ting 2.0

Willkommen im Zeitalter 2.0! Alles ist schneller, besser und manchmal sogar einfacher – manchmal. Marketing 2.0 spielt sich hauptsächlich, wie der Name bereits andeutet, im Internet ab. Das Internet ist für Gründer Verkaufsplattform, Werbeschild, Analysetool und Kundenbeziehungsmanagementsystem zugleich. Da wir aber heute in einer »erweiterten Realität« (»augmented reality«) leben, können wir die Online- nicht mehr von der Offline-Welt trennen.

Deshalb ist dieser Teil für moderne Unternehmer einer der wichtigsten im Kapitel »Marketing«, zugleich aber auch einer der unvollständigsten sowie am schwersten zu beschreibenden überhaupt. Denn das Internet ist wahrhaftig eine Welt ohne Grenzen, und die Möglichkeiten, die sich ergeben, sind endlos - einzig und allein der eigenen Fantasie unterworfen. Diesem Konstrukt eine absolut-objektive Struktur zu verleihen gleicht der Quadratur des Kreises.

Ich habe daher die Beschreibung aufgeteilt: Zum einen beschreibe ich fünf Schritte, die du nachvollziehen und so zu einer ersten operativen Internetpräsenz finden kannst. Zum anderen sind diese Schritte durch Ratschläge ergänzt, die möglichst übertragbar und dennoch konkret sein sollen. Denn das Internet ist aufgrund seiner niedrigen Einstiegsbarrieren einem stetigen Wandel unterworfen, der wiederum Trends folgt, die potenziell von jedem Akteur der Internetgemeinschaft ausgehen können. Der Gründer muss daher schnell und passioniert sein, um hier nicht ins Hintertreffen zu geraten. Ich versuche daher, die Konzepte hinter den Trends zu erklären, sodass du diese auf neue Trends übertragen kannst.

Die fünf Schritte zur Internetpräsenz:

▶ Eine Homepage aufsetzen
▶ Einen Platz in der Gemeinschaft finden
▶ Eine Werbeplattform finden
▶ Verkaufen und analysieren
▶ Gefahren erkennen und abwehren

SCHRITT 1: EINE HOMEPAGE AUFSETZEN

Alles beginnt natürlich mit der Homepage. Ich denke, ich muss niemandem mehr erklären, dass die Homepage das wichtigste Aushängeschild eines Unternehmers sowie eines Unternehmens in der heutigen Zeit ist. Eine Studie von Microsoft Research[8] hat ergeben, dass die ersten zehn Sekunden entscheiden, ob Besucher auf der Homepage bleiben oder nicht. Wenn du also nicht gerade eine Suchmaschine betreiben möchtest (denn dies sind die einzigen Internetseiten, die eine möglichst kurze Verweildauer ihrer Besucher anstreben), solltest du alles daran setzen, im ersten Moment zu überzeugen. Denn die Konkurrenz ist nur einen Klick entfernt.

Die Konkurrenz ist nur einen Klick entfernt.

Die Domain

Wenn du eine Homepage aufsetzt, so betrifft die erste Entscheidung den Namen der Homepage. Da die meisten existierenden Wörter bereits vergeben sind, sollten Entrepreneure bereits bei der Wahl des Firmennamens darauf achten, dass sie diesen auch als Domain registrieren lassen können. Oftmals bestimmt im Zeitalter 2.0 der Domain- den Firmennamen und nicht umgekehrt. Denn die Einheitlichkeit von Markennamen und Internetauftritt ist für ein klares und wirkungsvolles Marketing unerlässlich. Wer also eine Firma unter dem Namen SurfWorld registrieren lassen will, sollte seine Domain nicht »Martin-und-Malte-gehen-zum-Strand.de« nennen.

Nutzerfreundlichkeit und Gespür

Das zweite große Feld, um das du dir im Zuge der Website-Erstellung Gedanken machen solltest, ist die Gestaltung des Inhalts sowie dessen grafische Aufbereitung. Nutzerfreundlichkeit und Intuitivität sind hierbei die Eckpfeiler, an denen du dich orientieren solltest.

Unternehmer sollten es den Kunden so einfach wie möglich machen, eine gewünschte Aktion durchzuführen. Oft wird dies in der Anzahl der Mausklicks bewertet, die Kunden tätigen, bis sie am Ziel sind. Ein »flaches« Design kombiniert mit Scrolling-Features stellt einen guten Ausgangspunkt dar; auch die Beschriftung des Weges sowie der Weg selbst (Navigation) sollten möglichst ohne langes Nachdenken ersichtlich sein. Je nachdem, wie aufwendig die Seite gestaltet wird, sind auch eventuelle Ladezeiten zu beachten. Hier lohnt es sich, mit vielen Testkunden aus dem Freundeskreis zusammenzuarbeiten, die auf die Homepage losgelassen werden und sich ohne Hilfestellung zurechtfinden sollten.

Wer suchet, der findet

Nichts geht ohne die Suchmaschine, das bedeutet für Unternehmer: Der erste Akteur, den man im Netz entsprechend zufriedenstellen sollte, sind die Suchmaschinen. Gestalte deine Homepage so, dass sie bei einer Suche ganz oben in der Liste der unbezahlten Suchergebnisse (Natural Listings) angezeigt wird. Um dies zu gewährleisten, empfiehlt es sich, Search Engine Optimization (SEO) zu betreiben. Hierfür gibt es spezialisierte Dienste, die du in Anspruch nehmen kannst. Sie sind kostengünstig und ersparen einen großen Zeitaufwand.

Visuelle Anreize

Unternehmer sollten sicherstellen, dass jedem Besucher sofort klar wird, was das Unternehmen anbietet. Bilder sagen hier mehr als tausend Worte. Videos, die das Unternehmen, die Gründer sowie das Projekt vorstellen, runden den ersten Eindruck ab. So werden nicht nur die persönliche Marke sowie die des Unternehmens gestärkt, sondern den Kunden auch viel Recherchearbeit bezüglich des Produkts erspart. Und es wird ihnen ermöglicht, sofort eine Kaufentscheidung zu treffen.

Die visuelle Einbindung der Kunden ist eines der wichtigsten Merkmale einer Website. Zurzeit liegen ansprechende bunte Icons im Trend; was schön und ansprechend ist, verändert sich stetig und hier solltest du mithalten. Ein Durchstöbern des Netzes nach »Top Website Designs« und ähnlichen Begriffen gibt einen ersten Überblick und Grundkurs in Webästhetik.

Emotionale Anreize

Wie bereits erwähnt, wird Marketing immer persönlicher. Dies sollte sich auch in den Onlinebemühungen eines Entrepreneurs widerspiegeln. Die Website sollte also nicht nur informieren, sondern auch emotionalisieren. Zwei Stichworte sind hier »Gamification« (»spielerische Gestaltung«) und »Emotionally Intelligent Interactions« (»emotional-intelligente Kundenansprache«). Die Gamification bietet spielerische Anreize, die Kunden aus Minispielen in Pausen auf ihren Smartphones oder aus der Jugend vor der Konsole kennen. Durch Kommentieren, »Liken« oder Teilen gewisser Inhalte können Kunden sich Sterne verdienen oder kleinere Gimmicks freischalten (beispielsweise Rabatte oder Special Editions).

Liebe zum Detail und eine gewisse spielerische Herangehensweise an die Gestaltung der Website sind klare Erfolgsfaktoren.

Die Grundidee hinter Gamification ist die gesamte Konsumentenerfahrung angenehmer, persönlicher und interessanter zu gestalten. Die Loyalität der Kunden soll erhöht und deren Involvierung ausgebaut werden.

Ein weiteres Werkzeug hierfür ist die emotionale Kundenansprache, die die Interaktion des Kunden mit der Website so menschlich wie möglich erscheinen lassen und der Konsumentenerfahrung Leben einhauchen soll.

Dies kann beispielsweise durch einfache Anpassungen der elektronischen Antworten auf Input der Kunden erreicht werden. Klicken Kunden etwa auf einen Button, so kann dieser anstelle von »Bestätigen« eine persönlichere Beschriftung wie »Auf gehts!« aufweisen. Auch der Output des Systems kann von »Ihre Transaktion war erfolgreich« zu »Juuhuu! Es hat geklappt!« umgeschrieben werden.

Ein Bildschirm sie zu knechten …

Das Internet wird nicht nur sozialer, sondern auch mobiler (Social Mobile Web), weswegen sich Unternehmer bei der Gestaltung der Internetpräsenz auch über die Übertragbarkeit des Konzepts auf Smartphones und Tablets Gedanken machen sollten. Das sogenannte Responsive Web Design ermöglicht es Websites, auf allen Geräten reibungslos lesbar zu bleiben und vor allem sich an die jeweiligen Gegebenheiten anzupassen sowie maximale Anwendungsfreiheit zu gewährleisten.

Drehen Kunden beispielsweise das Gerät, so dreht sich die Homepage mit. Die Idee dahinter: Ästhetik mit Benutzerfreundlichkeit verbinden. Möchtest du dies besonders ausfallend gestalten, kannst du sogar über Multi-Screen-Marketing nachdenken, das die Verwendung mehrerer Geräte zur Freischaltung spezifischer Features der Website vorsieht.

SCHRITT 2: EINEN PLATZ IN DER SOZIALEN GEMEINSCHAFT FINDEN

Die sozialen Netzwerke sind die 2.0-Äquivalente zur Stiftung Warentest. Fast jeder Konsument trifft eine digitale Kaufentscheidung erst dann, wenn das eigene soziale Netzwerk um Rat gefragt wurde. Forrester Research hat herausgefunden, dass 70 Prozent aller US-Amerikaner Marken und Produktempfehlungen von Freunden und Verwandten vertrauen[9] – eine Zahl, die sich durchaus auch auf Deutschland übertragen lässt und nicht unbedingt eine neue Erkenntnis darstellt.

Weiterhin jedoch hat die Studie ergeben, dass fast die Hälfte aller Konsumenten Onlinekritiken, die von unbekannten Kunden verfasst wurden, vertrauen, während jedoch nur 10 Prozent der Konsumenten Onlinewerbebotschaften von Firmen Glauben schenken. Dies ist nur eine bezeichnende Statistik von vielen, die zeigen, warum soziales Marketing heute eine Notwendigkeit für Unternehmer ist. Deshalb solltest du Kunden gewinnen, die sich mit ihrem eigenen Ruf hinter ein Produkt stellen und dies an ihr gesamtes Netzwerk weiterempfehlen.

»Gemeinschaft« versus »Publikum«

Obwohl soziale Elemente heute integrative Bestandteile jeder Marketingstrategie darstellen, wird der fundamentale Unterschied zwischen dem Publikum, das eine Werbebotschaft erhält, und der sozialen Internetgemeinschaft, die eine Vielzahl an intensiveren markenbildenden Möglichkeiten liefert, vehement ignoriert.

Die Anzahl an Facebook-Likes oder Twitter-Followern sagt nichts darüber aus, wie erfolgreich ein Unternehmen soziale Elemente für sich und seine Produkte nutzt.

Denn ebenso wichtig wie die Vernetzung der Kunden mit dem Unternehmen ist die Vernetzung der Kunden untereinander. Das Ziel ist es, eine Konsumentenerfahrung rund um die Marke zu kreieren, indem der Unternehmer eine Gemeinschaft aus geteilten Werten und Ansichten durch Inhalte bildet, die Aufmerksamkeit auf sich ziehen und nach Möglichkeit auch halten. Ist dies geschafft, gilt es, Wege zu finden, Aktionen abzurufen, damit die vielen aktivierten Kunden ihren Beitrag zum Projektziel leisten. Denn ein »Like« und ein Kommentar sind weder hilfreiche Spenden noch erhöhen sie den Umsatz. Kurz gesagt:

1 Like + 1 Kommentar = 0 Euro.

Die soziale Homepage

Die Homepage sollte nicht bloß mit den diversen sozialen Netzwerken verbunden sein, sondern die soziale Konsumentenerfahrung in die Homepage an sich mit einbetten. Das Ziel ist, eine lückenlose Überleitung vom Kontakt über die Erfahrung bis hin zum Kauf zu erreichen. Jede Trennung dieser Elemente setzt die Entscheidung zum Kauf einem unnötigen Risiko aus und sollte daher vermieden werden.

Um dies zu umgehen, sollten Gründer entsprechenden Platz auf der Website für soziale Elemente schaffen und diese intelligent mit dem Angebot verknüpfen. Ich halte zwar nicht viel von E-Mail-Marketing (weil ich selbst noch nie auf eine kommerzielle Mail reagiert habe), dennoch können beispielsweise Erinnerungen an Geburtstage befreundeter Kunden per E-Mail an die eigenen Kunden versandt werden. Dies, gepaart mit Geschenkvorschlägen basierend auf ehemaligen Kaufentscheidungen des Geburtstagskinds, ergibt eine abgerundete Konsumentenerfahrung mit Umsatzpotenzial.

User Generated Content

Ein weiterer Vorteil des Marketing 2.0 ist User Generated Content (UGC): ◆ Entrepreneure können es ihren Kunden überlassen, für entsprechende Werbeinhalte zu sorgen - wobei diese daran auch noch Spaß haben. Tatsächlich wird der Großteil aller Inhalte im Netz von Nutzern in nicht-kommerzieller Absicht kreiert.

◆ *User Generated Content (UGC) sind nicht-kommerzielle Inhalte (Ton, Bild, Schrift und so weiter), die von individuellen Nutzern erstellt werden.*

Das ist ein gigantischer ökonomischer Output, der weder beziffert noch in offiziellen Statistiken oder makroökonomischen Leistungsindikatoren aufgenommen wird - ein großes Versäumnis (abgesehen von der faktischen Unmöglichkeit), da diese Inhalte Werte darstellen, die produziert und konsumiert werden, lediglich der monetäre Transfer fehlt. Diese Ressource solltest du dir jedoch zunutze machen und versuchen, für dich und dein Unternehmen in realen Umsatz umzuwandeln.

HOWARD GLENN: »Nach dem Start unserer Plattform im August 2012 hatten wir keinerlei Zugriffe. Schließlich haben wir die Geschichte von Watsi auf Hacker News gepostet - eine Seite, auf der jeder seine Geschichte teilen kann, die anschließend von Lesern bewertet wird. Schlagartig wurden wir auf Nummer eins gewählt und Paul Graham, der Erfinder von Y Combinator, wurde auf uns aufmerksam. Er lud Mitglieder unseres Teams nach Kalifornien ein, um unsere Idee zu besprechen. Nach dem gemeinsamen Abendessen wurde Watsi als erste gemeinnützige Organisation ins Programm von Y Combinator aufgenommen.«

BEISPIEL *Ein Modehersteller kann seine Kunden beispielsweise Outfits zusammenstellen lassen und den Gewinnern exklusive Angebote in Aussicht stellen. Dies führt dazu, dass die Teilnehmer ihre Outfits in den eigenen Netzwerken verbreiten und selbst immer wieder auf die Website zurückkehren. So entsteht eine Konsumentenerfahrung mit großer Reichweite und erhöht die Wahrscheinlichkeit zum Erst-, Folge- sowie Querverkauf.*

Um UGC maximal auszunutzen, muss natürlich auch die Vernetzung mit den jeweiligen sozialen Anwendungen reibungslos ausgebaut sein.

Dies kann beispielsweise durch den Hinweis auf UGC von externen Quellen erfolgen. Ein lustiges Video, das das Produkt thematisiert, oder ein ansprechender Blogbeitrag, der erklärt, wie das Produkt genutzt beziehungsweise optimal eingesetzt werden kann, beeinflusst die Kaufentscheidung eventuell positiv. Auch hier sind keine Grenzen gesetzt. Wichtig ist nur, dass die Dichte des Netzes erhöht und dieses mit wertvollen Inhalten angereichert wird. Ein weites oberflächliches Netz nützt hier langfristig kaum und limitiert die Möglichkeiten, die UGC Gründern bietet.

Sobald eine Kundenerfahrung geschaffen wird, sollte ein Aufruf zur Aktion folgen.

Der Dialog

Nicht nur die Kommunikation unter den Kunden ist für Gründer besonders interessant, auch die Kommunikation zwischen ihnen und den (potenziellen) Kunden ist im Netz speziellen Regeln unterworfen. Denn obwohl das Gespräch in einer digitalen Parallelwelt stattfindet, verhalte dich in der Unterhaltung genau so, wie du dies auch von Angesicht zu Angesicht tun würdest - während du von Tausenden anderen (potenziellen) Kunden beobachtet wirst. Führe also einen echten (und höflichen) Dialog.

Werden vom Kunden Kommentare oder Anfragen auf der Website oder auf den Unternehmensseiten in sozialen Netzwerken hinterlassen, muss das Unternehmen darauf reagieren - immer! Versäumst du dies, können schwerwiegende Schäden am Markenwert und Ruf des Unternehmers selbst die Folge sein.

Beim Kundenkontakt heißt es immer: erst zuhören, dann reden!

Der direkte Dialog mit Kunden sollte aber keinesfalls nur als Risiko und Belastung gesehen werden! Im Gegenteil: Diese Art der Kommunikation bietet großartige Chancen, Kundenwünsche aus erster Hand zu erfahren sowie auch mit Kunden der Konkurrenz in Kontakt zu treten.

BEISPIEL *Beschwert sich beispielsweise ein Kunde auf Twitter über einen schlechten Service bei der Konkurrenz, kannst du darauf reagieren. Du kannst ihm einen hilfreichen Kommentar hinterlassen oder schlicht dein Bedauern über den Vorfall ausdrücken.*

Hier ist es aber wichtig, die Balance zwischen Eigeninteresse (Kunden für das eigene Unternehmen zu gewinnen) und aufrichtigem Angebot zur Hilfe (das wiederum im zweiten Schritt zu einem Wechsel der Kunden führen soll) zu halten. Denn Marketing 2.0 heißt, echte Werte für potenzielle Kunden zu schaffen und einander auf menschlicher Ebene zu begegnen!

SCHRITT 3: EINE WERBEPLATTFORM FINDEN

Ja, auch im Internet gibt es Werbeanzeigen. Es gibt sie auf verwandten Websites, bei Google und seinen Konkurrenten. Es gibt Pauschalangebote und solche, die pro erfolgtem Klick abkassieren. Diese Anzeigen zum Laufen zu bringen, ist weder sonderlich kompliziert noch zeitaufwendig. Eines ist es aber allemal: maschinell, oberflächlich und alles andere als nachhaltig. Dies ist bitte nicht falsch zu verstehen: Wer auch immer den ein oder anderen untätigen Euro zur Hand hat, kann ruhig Werbeanzeigen schalten - geschadet hat es bislang, meines Wissens, noch niemandem. Wer aber einen wirklich nachhaltigen Markenwert aufbauen will und im Zeitalter 2.0 an der Spitze mitspielen will, muss andere Wege gehen.

Content Marketing

Die Art und Weise, wie Kunden Informationen zu Produkten und Dienstleistungen suchen hat sich in den letzten Jahren fundamental verändert. Es geht nicht mehr nur darum, Schlüsselindikatoren zu erfragen, sondern nach einem Produzenten Ausschau zu halten, dem vertraut werden kann und der die Fertigkeiten besitzt, den eigenen Bedürfnissen nachzukommen. Positioniere dich als Unternehmer genau so.

Am besten gelingt das, indem du für Kunden wertvolle Inhalte (Content) - unabhängig von einer direkten Verkaufsabsicht - bietest, die den Kunden in ihren täglichen Berufs- sowie Alltagsleben informierend oder gar unterhaltend bei Seite stehen. Diese Inhalte sollten von hoher Qualität sein und entfalten ihre Wirkung besonders dann, wenn sie von Nutzern durchs gesamte Netz verbreitet werden. Ob auf der eigenen Website, einem verlinkten Blog oder spezialisierten Onlinemagazinen: Best-Practices, Tipps und Tricks sowie Ansätze zu ganz speziellen Fragestellungen lassen Kunden Lösungen für eigene Herausforderungen, den Nutzen des Produkts oder Service sowie die Expertise des Unternehmers erkennen.

Die drei Regeln des Content Marketing

Damit die Inhalte auch ihren gewünschten Effekt erzielen, solltest du dich als Entrepreneur an drei Regeln halten:

1 Sei nützlich. Wer nichts Sinnvolles zu sagen hat, sollte am besten gar nichts sagen. Das gilt besonders für das Content Marketing. Inhalte sind nur dann für Kunden wertvoll, wenn sie auch nützlich sind.

2 Sei authentisch. Die Menschen hinter dem Produkt sind diejenigen, mit denen Kunden in Verbindung treten möchten. Diese uralte Tradition, erst den Menschen »kennen zu lernen« bevor ein Geschäft abgeschlossen wird, erlebt paradoxerwei-

se gerade im »unpersönlichen« Internetzeitalter
eine Renaissance. Daher solltest du in deinen
Texten so schreiben, wie du es auch im persönlichen Gespräch vertreten würdest. Und es ist
okay – ja sogar erwünscht – eine eindeutige
Meinung zu haben!

3 Sei kein Verkäufer! All die Verkaufsphrasen
und das »Wir sind die Besten«-Geschwätz solltest du dir sparen. Dies gehört nicht in
die Inhalte, die eine Dienstleistung an sich
darstellen sollen. Hast du als Unternehmer
wahre Expertise zu bieten, bist du authentisch
und nützlich, werden die Kunden schon von
alleine feststellen, dass du die erste Wahl
bist.

»Content is king« – genau wie Kunden. Diese Art des Marketing, obschon prinzipiell kostenfrei, ist sicherlich aufwendig und erfordert ein gewisses Talent. Wer im Zeitalter 2.0 jedoch nachhaltige Markenwerte schaffen will, sollte glaubhaft vermitteln können, dass er die Bedürfnisse des Kundenstamms versteht. Auf diese Weise können Gründer potenzielle Kunden in tatsächliche umwandeln und auf lange Sicht eine loyale, zahlende Fangemeinde gewinnen. Und falls es dir an entsprechender Zeit sowie dem nötigen Talent fehlt – es gibt ja immer noch Ghostwriter!

Osmosis Marketing

Gründer können sich beim Verbreiten der Markenbotschaft auch anderer Akteure im Netz bedienen. Die Anfrage bereits etablierter Blogger zum Beispiel ist eine populäre Win-win-Situation. Bietest du beispielsweise Lifestyle-Produkte an, lohnt es sich, Blogger zu bitten, über die Produkte zu schreiben.

Manche lassen sich bezahlen, andere kooperieren kostenfrei. Diese Netzunternehmer sind nämlich selbst stets auf der Suche nach neuen Inhalten und Ideen für ihre Blogs - da kommt das neue Sortiment deines Unternehmens gerade recht.

Diese eher langsame und stetige Verbreitung im Netz nennt sich Osmosis Marketing. Die Idee ist wie oben beschrieben: Markenbotschaften sickern langsam durchs Netz und seine verschiedenen Instanzen. Die Blogosphäre, Twitter, Facebook und so weiter können hier sehr hilfreich sein.

LILI RADU: »Neben dem klassischen Vertrieb über Händler biete ich die Produkte auch in meinem eigenen Onlineshop an. Als Marktplatz 2.0 arbeite ich aber auch mit B2B (Business-to-Business) Online-Stores, ich glaube, dass diese in Zukunft die klassischen Messen mehr und mehr ablösen werden. Einer der wichtigsten Marketingkanäle ist auf jeden Fall Social Media: Die Kommunikation mit den Kunden läuft hauptsächlich über Facebook, und auch Blogger sind unglaublich wichtige Markenbotschafter.«

Virales Marketing

Wir leben in einer Zeit, in der jeder von uns (mit Internetzugang) binnen weniger Tage weltberühmt werden kann. Diese Macht der sozialen Netzwerke und der angeborene Trieb des Menschen, Informationen zu teilen, machen es auch für Unternehmer möglich, eine Botschaft ohne ein nennenswertes Budget in die Welt zu tragen.

Virales Marketing zielt also darauf ab, durch eine äußerst schnelle Verbreitung des geschaffenen Inhalts entsprechende Aufmerksamkeit auf sich und das angebotene Produkt zu ziehen. Passiert dies mit entsprechend geringem finanziellem Aufwand und auf unkonventionelle Art und Weise, wird auch vom sogenannten Guerilla-Marketing gesprochen. Der virale Faktor beschreibt also die »äußerst ansteckende« Eigenschaft des Inhalts, während die Guerillataktik versucht, die finanziell unterlegene Situation des Entrepreneurs mit Einfallsreichtum auszugleichen. Beide Formen des Marketings können, müssen aber nicht zusammenfallen.

Wie aber wird ein solches Massenphänomen ausgelöst? Ist dies reiner Zufall oder können gewisse Regeln formuliert werden, die einem Inhalt zumindest potenziell virale Eigenschaften verleihen? Kevin Allocca, Trend Manager bei YouTube, analysiert in seinem TED-Talk »Why videos go viral« drei wichtige Elemente, die ein Inhalt vereinen sollte, um virales Potenzial entfalten zu können.

▶ Als die essenziellen Bestandteile beschreibt Alloca »Tastemaker« (Menschen mit einer gewissen Beliebtheit und entsprechendem Zugang zu einer größeren Zuhörerschaft),
▶ »Participation« (die Möglichkeit der Teilnahme einer Vielzahl von Nutzern in der Internetgemeinschaft) und
▶ »Unexpectedness« (Unvorhersehbarkeit).

Allocca ist also davon überzeugt, dass es einen gewissen Anstoß braucht, um den Inhalt einer kritischen Masse zugänglich zu machen, die diesen dann wiederum nicht nur teilen, sondern vor allem auch an ihm teilhaben kann. Ob in Parodien oder Hommagen - je mehr Menschen den Inhalt modifizieren und ihre Versionen teilen, desto größer der Effekt. Und letztlich ist die Unvorhersehbarkeit des Inhalts selbst ein weiteres Kriterium, um Aufmerksamkeit zu erregen und zu halten.

BEISPIEL *Wir können auf der ganzen Welt großartige Beispiele finden, wie Trends und die Popkultur des Internets großartige Werbebotschaften entstehen lassen. Als im Jahre 2013 die Bundeskanzlerin Angela Merkel das Internet als »Neuland« bezeichnete, reagierte der Autovermieter Sixt blitzschnell und veröffentlichte ein Werbebanner mit dem Bild der Kanzlerin, einem der zu mietenden Wagen und der Botschaft: »Für alle die #Neuland entdecken wollen.« Entsprechend viel Aufmerksamkeit war die Folge.*

Das Internet und seine Popkultur bieten also einen gigantischen Pool an Möglichkeiten, aus dem Unternehmer schöpfen können - und dies mit einem nahezu nicht existierenden Budget. Einfallsreichtum, Risikobereitschaft und Dreistigkeit werden hier belohnt. Wichtig ist, dass du den neusten Entwicklungen der Popkultur folgst, Trends erkennst und frühzeitig nutzt.

Zurzeit zeichnet sich eine erhöhte Popularität visueller Inhalte ab, während textbasierte Botschaften immer seltener geteilt werden. Kurze Videos (GIFs, Vines, YouTube, und so weiter) oder Bilder (Memes, SlideShare, Pinterest, Tumblr, Instagram und so fort) sind auf dem Vormarsch - du solltest mit der sinkenden Aufmerksamkeitsspanne deiner Zielgruppe rechnen.

Ach ja und Katzen! Es schadet nie, irgendwo eine lustige Katze dabei zu haben.

Aufgrund der rapiden Veränderungen im Netz empfiehlt es sich, zu versuchen, so originell wie möglich zu sein und am besten selbst Bewegungen zu starten. Das ist sicherlich einfacher gesagt als getan, wer aber eine gewisse Zeit investiert und die Internetpopkultur beobachtet, versteht, was ankommt und was nicht.

SCHRITT 4: VERKAUFEN UND ANALYSIEREN

Eine weitere Möglichkeit, die das Internet bietet, ist das Verkaufen der Produkte direkt an Kunden sowie das Analysieren ihres Kaufverhaltens. Neben den mittlerweile bereits traditionelleren Methoden wie dem Verkauf direkt von der eigenen Homepage oder dem Nutzen von Amazon, Ebay und anderen hat auch hier das soziale Zeitalter Einzug gehalten. Gerade was die Analyse angeht, steht nun nicht mehr nur das Kaufverhalten der Kunden im Vordergrund, sondern auch das ihrer Netzwerke.

Die soziale Erfahrung, Marketing, Verkauf und Analyse verschmelzen im Marketing 2.0 zu einer einzigen Einheit, die Unternehmern schier grenzenlose Möglichkeiten bieten, ihre Services und Produkte unter das Volk zu bringen.

Preispolitik im Internet

Ein wichtiger Punkt, der einen großen Unterschied zwischen Verkäufen im Internet und konventionellen Verkäufen über Einzelhändler darstellt, ist die Preispolitik. Wenn du dein Produkt (eine App, ein E-Book und so weiter) über die diversen Shops im Netz anbietest, kann die »Verkaufszahl« um mehr als 90 Prozent sinken, sobald du den Preis von 0,00 Euro auf 0,10 Euro anhebst. Warum? Hierbei geht es weniger um die zehn Cent, die das Produkt nun mehr kostet, sondern um die Tatsache, dass es überhaupt etwas kostet. Damit »kostet« es Kunden potenziell zehn Schritte mehr, die sie online tätigen müssen, um das Produkt zu erhalten.

Die Kaufentscheidung im Internet wird massiv vom Komfort der Funktionalität beeinflusst.

Das solltest du zusätzlich zum Finden des richtigen Preises im Kopf behalten. Es kann sich also durchaus lohnen, zu Beginn eine entsprechende Markterschließung durch Vergabe von kostenlosen Produkten anzustreben und erst später in entsprechende Zahlungsdienste zu investieren.

SCHRITT 5: GEFAHREN ERKENNEN

Zum Abschluss möchte ich noch auf einige Gefahren hinweisen, derer du dir als Gründer bei deinen Marketingbemühungen im Netz bewusst sein solltest. Das Internet ist eine äußerst eigenartige Parallelwelt, mit den merkwürdigsten Wesen und scheinbar magischen Phänomenen. Kennst du sie und ihre Attacken nicht, können sie binnen weniger Stunden nicht nur riesige Schäden an deinem Markenwert und Ruf anrichten, sondern sogar dich und dein gesamtes Projekt in Richtung Bankrott treiben.

Hater

Zugegeben, das erste »Netzwesen« ist keine Geburt der sozialen Netzwerke, sondern wandelt wahrscheinlich schon seit Jahrtausenden auf Erden – nur der Name ist neu: »Hater«. Der

Name lehnt an das englische Wort »to hate« (hassen) an und bezeichnet grundnegative Personen, denen es Freude verschafft die Werke anderer auf nicht-konstruktive Weise zu kritisieren.

»Neider« wäre wohl eine nahe deutsche Übersetzung, wobei Hater nicht unbedingt an der Position des »Opfers« interessiert sind, sondern lediglich eine innere Befriedigung aus der Beleidigung und dem resultierenden Gefühl der Überlegenheit ziehen. Hater im Netz jedoch unterscheiden sich von traditionellen Hatern durch ihre Anonymität und die potenzielle Reichweite ihrer Negativität. Während soziale Gefüge diese Menschen im wahren Leben im Zaum halten (schließlich ist jemand, der andere permanent niedermacht, nicht lange beliebt), können sie ihre Negativität mit Hilfe gefälschter Profile im Internet gnadenlos ergießen und vollkommen ungeschoren davonkommen. Dagegen kannst du nichts tun, weswegen es ja heißt: »Haters gonna hate.«

Während im echten Leben nichts besser hilft, als diese Individuen zu ignorieren, kann ein Unternehmer sich diesen Luxus im Internet leider nicht erlauben. Er muss einen Weg finden, mit ihnen umzugehen. Hinterlässt also ein Hater einen seiner Schmutzkommentare unter dem Blog oder auf der sozialen Website, gibt es prinzipiell zwei Optionen: Löschen oder Antworten.

Du solltest bei deiner Wahl wie folgt vorgehen: Benutzt der Hater eine beleidigende Sprache? Sofort löschen. Stellt sein Kommentar eine persönliche Meinung dar oder einen Fakt? Ist es ein Fakt, solltest du antworten. Je nachdem, wer einen Fehler gemacht hat, solltest du deinen oder den des Haters korrigieren. Drückt der Hater seine persönliche Meinung aus, gibt es nicht viel, was du tun kannst - das ist der Deal bei sozialen Elementen im Netz.

Alles, was dir bleibt, ist dein Bedauern auszudrücken oder zu zeigen, dass du den Kommentar zur Kenntnis genommen hast. Häufen sich diese Kommentare, musst du nicht auf jeden einzelnen antworten. Generell solltest du dich jedoch stets höflich und souverän verhalten, schließlich werden die Nutzer deine Antworten bewerten und auf dein Unternehmen zurückprojizieren. Es bringt nichts, in hitzige Diskussionen zu geraten, denn verlieren kann hier nur einer: du als Unternehmer.

Trolle

Eine weitere Internetgestalt, die auch tendenziell negative Absichten hegt, jedoch nicht ganz so schäbig daherkommt wie der Hater, sind sogenannte Trolle. Ihre Waffen sind Provokation und Possen, die sich auf ganz unterschiedliche Weise ausdrücken können. Ein extremes Beispiel sind online ausgeschriebene Crowdsourcing-Wettbewerbe von Unternehmen, die durch UGC entsprechende soziale Konsumentenerfahrungen kreieren sollen.

BEISPIEL *Der Spülmittelhersteller Henkel hatte 2011 Besucher der Pril-Homepage dazu aufgerufen, ihre Vorschläge für das Etikettendesign hochzuladen – die Gewinner würden in einer limitierten Edition sogar im Einzelhandel zu kaufen sein.*
Das Resultat waren neben einer Menge ansprechender Blumenmuster auch unzählige sinnfreie Beiträge, von denen letztlich ein komplett braunes Etikett mit der Aufschrift »Pril – Schmeckt lecker nach Hühnchen!« gewann. Dieser abstruse Beitrag eines Werbetexters aus Hamburg, der als kleine Revolte gegen UGC-Missbrauch gedacht war, hatte die Aufmerksamkeit Tausende kleiner Trolle angezogen, die für ihn stimmten.

Wenn ein solches soziales Experiment misslingt, bleibt nur eine Möglichkeit: Da musst du durch. Wenn die Regeln im Voraus nicht hinreichend geklärt sind und ein komplettes Entgleisen in eine humoristische Richtung nicht ausschließen, kannst du diese nicht einfach nachträglich ändern - die Internetgemeinschaft würde dies scharf abstrafen.

Außerdem können auch solche »schiefgegangenen« Experimente äußerst wirkungsvoll sein - schließlich schreibe ich hier noch immer von Pril. Entschließt du dich jedoch dazu, die Gesetze der Internetgemeinschaft zu ignorieren und ihren Zorn auf dich zu ziehen, solltest du dich auf einen heranziehenden Sturm gefasst machen: den Shitstorm.

Der Shitstorm ◆

◆ *Der Shitstorm ist letztlich eine gewaltige Welle der öffentlichen Entrüstung, des »Trashings« oder »Public Shamings« einer Person oder eines Unternehmens im Internet.*

Getragen von sozialen Netzwerken können Shitstorms enorme Schäden am Ruf anrichten und ganze Markenwerte vernichten. Dabei ist es oftmals ganz unerheblich, ob die Öffentlichkeit mit einer Aussage oder Vorgehensweise des jeweiligen »Opfers« nicht übereinstimmt oder ob das »Opfer« tatsächlich einen Fehler begangen hat. Der Punkt ist, dass Gründer einen solchen Shitstorm auf jeden Fall vermeiden sollten.

Falls der Sturm jedoch aufzieht, gibt es für Unternehmer zwei Strategien: Deeskalation oder Ducken.

Die erste Strategie funktioniert nur in der Anfangsphase, in der du versuchen solltest, den etwaigen Missstand entweder geradezurücken oder sich für deinen Fehler zu entschuldigen. Schnelles und gezieltes Handeln ist hier gefragt. Versäumst du dies oder hat die Deeskalation einfach keine Chance auf Erfolg, solltest du

Wenn nichts mehr hilft, heißt es: Kopf einziehen und abwarten!

das tun, was sich auch bei einem tatsächlichen Sturm empfiehlt: Ab in den Keller und warten, bis alles vorbei ist. Anschließend kann der Schaden bemessen und mit den Aufräumarbeiten begonnen werden.

FAZIT Bei all deinen Marketingaktivitäten, egal ob offline oder online, kannst du nur gewinnen, wenn du authentisch und ehrlich bleibst. Die Zeiten, in denen Kunden durch gezieltes Täuschen gewonnen wurden, sind lange vorbei. In unserer wettbewerbsintensiven Welt ist nur noch Platz für die, die echte Werte für ihre Kunden schaffen und mit ihnen langfristige Beziehungen auf Augenhöhe pflegen. Somit solltest du als Unternehmer all deine geschäftlichen Aktivitäten und Partnerschaften zu einer persönlichen Angelegenheit machen. Du stehst als Mensch stellvertretend für dein Unternehmen – und hinter jedem Menschen steckt auch immer eine Geschichte. Diese mit anderen zu teilen, kann für alle Teilhabenden eine wahre Bereicherung sein.

Der Unternehmer steht nun also am Steuerrad seines Schiffes, ausgestattet mit Crew, einem wasserdichten Plan und ausreichend Moos. Der Wind füllt die Segel und es geht volle Kraft voraus! Der schimmernde Ozean wartet nur darauf, erobert zu werden. Was könnte jetzt noch schiefgehen? … Und schon schreit einer: »Meuterei!«

Net-wor-king

MIT NETZ UND DOPPELTEM BODEN

EINLEITUNG FÜR MICH TEILT SICH DIE WELT DES PROFESSIONELLEN NETWORKINGS IN ZWEI GRUPPEN: DIE ERSTE GRUPPE BESTEHT AUS TRANSAKTIONALEN NUTZNIESSERN, DIE ZWAR GOTT UND DIE WELT ZU KENNEN SCHEINEN, DIES ABER WEDER FÜR SICH NOCH FÜR IHRE KONTAKTE NUTZEN KÖNNEN. DIE ZWEITE GRUPPE SIND AUTHENTISCHE VERNETZER, DIE IHR NETZWERK MIT LEBEN FÜLLEN UND ES AUF WERTSCHÖPFENDE ART UND WEISE FÜR SICH UND ANDERE NUTZEN KÖNNEN. WAS MACHEN DIE EINEN RICHTIG, WÄHREND DIE ANDEREN VERSAGEN?

Der Unterschied liegt vor allem in der Intention. Während Nutznießer lediglich an Kontakten interessiert sind, die sie mit Informationen füttern und die »hoffentlich einmal nützlich werden«, sind Vernetzer an den Menschen dahinter interessiert. Für sie geht es nicht um den Titel auf der edlen Visitenkarte mit Wasserzeichen, sondern darum, sich mit ihrem Gegenüber auszutauschen, mit ihm Zeit zu verbringen und ihm vertrauen zu können.

SEI INTERESSIERT, VERSUCHE NICHT, INTERESSANT ZU SEIN

Schon Dale Carnegie beschreibt in seinem Bestseller von 1936 *How to Win Friends and Influence People*, dass ein aufrichtiges Interesse am Gegenüber Grundvoraussetzung für den Aufbau stabiler Beziehungen ist. Dabei macht es keinen Unterschied, ob sie privater oder professioneller Natur sind. Tatsächlich glaube ich, dass langfristige und verlässliche Kontakte nie »rein professionell« sein können. Schließlich ist es das Vertrauen zu- und die Sympathie füreinander, die gegenseitige Unterstützung motivieren. Ein solches Vertrauen wird nicht beim Small Talk im Konferenzraum geschaffen, sondern beim Single Malt in der Freizeit.

Nun mag der ein oder andere vielleicht protestieren und einwenden: »Wenn ich für all meine Kontakte so viel Zeit investieren würde, hätte ich nicht mal halb so viele!«

Ich bitte einmal darüber nachzudenken, wie viele deiner zahlreichen losen Kontakten tatsächlich ihre Hand für dich ins Feuer legen würden. Wie viele würden dich empfehlen, wenn es um die Besetzung einer freien Position im eigenen Unternehmen ginge? Meine Vorhersage: nicht viele.

Ein dichtes Netzwerk benötigt Pflege, um am Leben zu bleiben. Hier verhält es sich nicht wie beim Rotwein, der besser wird, je länger er im Keller lagert. Ein Netzwerk ist ein lebendiger Organismus, der sich stetig verändert, wächst und teilweise auch schrumpfen kann. Um ein Netzwerk mit Leben zu füllen, können Kontakte nicht erst wie Trophäen gesammelt und schließlich ausgesaugt werden. Die Menschen im eigenen Netzwerk sollten ebenso von ihren Vernetzern profitieren wie diese von ihnen. Während Nutznießer Kontakte also um einen Gefallen nach dem anderen bitten, erkennen wahre Vernetzer, wie sie den Menschen in ihrem Netzwerk weiterhelfen können – ohne darum gebeten zu werden. Sie stellen Menschen einander vor, wenn sie davon überzeugt sind, es sei wertvoll, dass sie einander kennen. Sie kreieren aktiv neue Knotenpunkte und investieren viel Zeit in den Erhalt dieser Verbindungen.

Ein Netzwerk benötigt Pflege, um am Leben zu bleiben.

EIN HOCH AUF DIE GEFÄHRTEN

Unternehmer, die mit Hingabe und Ausdauer solche Kontakte in ihr Netzwerk einbetten, haben eine ganz besondere und wertvolle Allianz geschlossen. Die deutsche Sprache sowie ihre Sprecher haben Schwierigkeiten mit der Einordnung dieser »näheren Bekannten« oder »wertvollen Kontakte«. Das Wort »Freund« möchten wir nur sehr restriktiv verwenden – im Gegensatz zum englischen Sprachraum, wo es normal ist, Hunderte »friends« zu haben.

Diese wertvollen Allianzen existieren zwischen mir und Menschen, zu denen ich eine vertrauensvolle Beziehung habe und die ich dennoch vielleicht nur sehr selten sehe. Nichtsdestotrotz weiß ich von ihnen, dass sie unglaublich wertvolle Bestandteile meines Netzwerkes sind und mich auf ähnliche Weise schätzen.

Ich habe meine eigene Methode, diese Verbindungen einzuordnen, die vielleicht auch für andere hilfreich ist. Diese Menschen sind für mich »Gefährten«, mit denen ich als Unternehmer ein Stück des Weges gemeinsam gehe. Die einen begleiten mich bereits seit vielen Jahren, die anderen nur über kurze Strecken hinweg und wieder andere haben mir nur ein einziges Mal (doch im entscheidenden Moment) den Weg gewiesen.

Das Bewusstsein darüber, wie wichtig es ist, auch im professionellen Umfeld loyale Gefährten um sich zu sammeln, macht für mich den Kern des Unterschiedes zwischen erfolgreichen Vernetzern und transaktionalen Nutznießern aus. Wenn die einen fallen, werden sie von einem dichten Netz aufgefangen. In dieses Netz haben sie investiert und es wird ihnen im entscheidenden Moment vielleicht sogar das (berufliche) Leben retten. Die anderen hingegen fallen ungebremst in den Abgrund.

Transaktionales Networking hat für mich in den meisten Fällen daher keinen großen Wert. Im privaten sowie professionellen Leben geht es nicht darum, möglichst viele Kontakte zu knüpfen und zu hoffen, dass sich einer von ihnen zum CEO hocharbeitet. Für mich geht es darum, Freunde zu gewinnen und Gefährten um sich zu sammeln. Sie machen den Alltag erst interessant und sind die Menschen, auf die wir im entscheidenden Moment setzen können. Am Ende sind es nämlich nicht oberflächliche Kontakte, sondern Gefährten, die für eine Empfehlung ihren Ruf aufs Spiel setzen würden. Sie begleiten uns auf dem Weg zu unseren Zielen und sind manchmal entscheidend für Sieg oder Niederlage. Sie sind verlässlich, und in sie lohnt es sich, zu investieren.

Bei all deinen Networkingaktivitäten solltest du diesen fundamentalen Zusammenhang daher nicht vergessen. Es ist nichts dagegen einzuwenden, offen für jede Bekanntschaft zu sein – im Gegenteil: Oft ergeben sich so neue Allianzen oder gar tiefe Freundschaften. Wichtig ist nur, zu differenzieren, wie und aus welchem Grund du neuen Menschen begegnest. Darüber hinaus ist es entscheidend, wie du diese neuen Kontakte pflegst und ob es dir möglich ist, aus ihnen wahre Gefährten in deinem »Abenteuer Unternehmertum« zu machen.

Warum Net- working?

Wir Deutsche sind traditionell besonders schwerfällig im Limbus der professionell-privaten Beziehungen. Während das Konzept des Networkings in den USA oder England bereits seit langem als essenziell angesehen und entsprechend propagiert wird, scheint hierzulande das Bewusstsein für seine effizienz- sowie effektivitätssteigernde Wirkung erst seit dem neuen Jahrtausend aufzukommen.

Jedenfalls wird Networking in Deutschland nicht immer nur positiv gesehen. Nicht selten hat es einen negativen Beigeschmack, wenn jemand durch einen guten Freund für eine Position vorgeschlagen wird, die anderen verwehrt bleibt. Das liegt oft an der Verwechslung mit den in Deutschland wiederum durchaus beliebten Konzepten der »Kumpanei« und der »Vetternwirtschaft«.

Hier ist jedoch der kleine, aber feine Unterschied zu beachten: Vetternwirtschaft befördert eventuell ungeeignete Kandidaten in Positionen aufgrund ihrer Beziehungen. Ein gut gepflegtes Netzwerk hingegen hilft dabei, die Person zu finden, die tatsächlich am geeignetsten für die entsprechende Position ist. Somit reduziert es die Informationsasymmetrie, die in jedem Auswahlprozess zwischen Entscheider und Kandidat herrscht, und ermöglicht fundierte Entscheidungen. Dies ist sicherlich ein schmaler Grat alles hängt von der individuellen Integrität und dem Moralverständnis der Entscheiders ab.

Besonders aber Unternehmer, die sich ihrerseits nicht auf Positionen in existierenden Unternehmen bewerben, jedoch von externen Ressourcen abhängig sind, können von einem dichten Netzwerk von Beginn der Tätigkeit an über die Expansion des Unternehmens bis hin zum Verkauf desselbigen sehr profitieren.

Drei der größten Herausforderungen eines frischgebackenen Entrepreneurs sind: nicht vorhandene finanzielle Ressourcen, fehlende Expertise im entsprechenden Geschäftsfeld und keine Kunden. Es ist nicht schwer zu erkennen, dass ein unterstützendes Netzwerk hier große Vorteile bieten kann.

Wenn sich geeignete Investoren auch nicht in jedem Netzwerk befinden, so kann das Netzwerk jedoch selbst als Referenz für externe Investoren dienen. Fehlende Expertise ist, wie bereits zu Beginn erwähnt, kein Problem, wenn du Menschen findest, mit denen du gut zusammenarbeiten kannst, und diese entsprechende Expertise mitbringen. Diese potenziellen Partner ausfindig zu machen, ist umso schwerer, je unbekannter sie dir sind. Das Netzwerk kann hier als Quelle und Wegweiser erfolgreicher Partnerschaften dienen. Gerade das persönliche Netzwerk stellt die besten ersten Kunden dar. Ob Verwandte oder Bekannte: Ein zufriedener Kunde ist ein zufriedener Kunde, unabhängig vom Verwandtschaftsgrad.

LILI RADU: »Auf der Suche nach einer Produktion habe ich einen achtwöchigen Roadtrip durch Italien gemacht - letztendlich aber habe ich über eine Freundin meine Produktion in Istanbul gefunden. Durch den persönlichen Kontakt konnte ich anschließend vier Wochen direkt in der Produktion verbringen. Mittlerweile bin ich eng mit der Inhaberin befreundet und kenne jeden Arbeiter persönlich - sie garantieren schließlich die hochwertige Qualität meiner Produkte.«

Ein gepflegtes Netzwerk kann also als verlässliches Polster für die scheinbar hartnäckigsten Hürden des Gründens dienen. Deshalb ist es wichtig, diesen Aspekt nicht zu vernachlässigen, während du dich voll und ganz auf dein Produkt sowie deine Vision konzentrierst. Denn dein Netzwerk hilft dir nicht nur bei der Ausübung seines Unterfangens, sondern auch dann, wenn es scheitern sollte. Das Risiko als gescheiterter Unternehmer ar-

beits- und mittellos zu werden, ist gerade für viele junge Gründer immer noch eine große mentale Hürde. Auch hier fängt das
Netzwerk gescheiterte Unternehmer auf: Die Kontakte wissen
um ihre Fähigkeiten sowie Erfahrung und können sie so wieder
in die Arbeitswelt eingliedern, bis sie es aufs Neue versuchen.

Net-working-ansätze

Die meisten Entrepreneure, die versuchen, ihre Träume aus dem Nichts zu erschaffen, unterliegen der falschen Annahme, sie hätten kein wirkliches Netzwerk, das sie anzapfen könnten. Umgeben von »normalen« Menschen und fernab der Dunstkreise von Stars, Superinvestoren und Spitzenpolitikern glauben sie, sie seien auf sich allein gestellt.

Z um Networking möchte ich dir zwei Methoden vorschlagen, die ich selbst entwickelt habe und regelmäßig nutze.

METHODE 1: Identifikation des eigenen Netzwerks von innen nach außen. Bei dieser Methode schreibst du zehn Kontakte auf, die dir auf Anhieb einfallen. Anschließend listest du die Themenfelder auf, die du mit den jeweiligen Kontakten in Verbindung bringst - vollständig losgelöst vom aktuellen Projekt. So hast du eine erste sichtbare Skizze der Felder, in die du bereits ohne weitere Investitionen Verbindungen hast sowie aus denen du Expertise und vielleicht sogar Ressourcen ziehen kannst.

METHODE 2: Identifikation des eigenen Netzwerks von außen nach innen. Diese Methode ist zielgerichteter und bezieht sich auf dein aktuelles Projekt. Hierbei solltest du die Themenfelder aufschreiben, in denen Unterstützung von außen hilfreich wäre. Anschließend durchsuchst du dein mentales oder technologiegestütztes Netzwerk nach Kontakten, die über eine oder zwei Ecken in irgendeiner Weise mit dem Thema verbunden sind. So hast du eine erste Karte ausgelegt, der es nur noch zu folgen gilt, um entsprechende Ansprechpartner ausfindig zu machen.

Methode Nummer eins richtet sich vornehmlich an jene, die glauben, kein Netzwerk zu besitzen. Die zweite Methode an die, die vor einer speziellen Herausforderung stehen. Ich empfinde die zweite Methode als die erfolgversprechendste Herangehensweise an neue Projekte oder eben konkrete Herausforderungen. Mein Netzwerk stellt die erste Anlaufstelle dar, die ich zur Recherche verwende und mit in meine Pläne einweihe – lange bevor ich die erste Suchmaschinenanfrage versende.

EINSCHÄTZUNG DER KONTAKT-QUALITÄT

Sprichst du eine Anfrage aus, die unangemessen in der Sache oder unangemessen für den jeweiligen Kontakt ist, kann die Beziehung zwischen deinem Kontakt und dir nachhaltigen Schaden nehmen. Möchtest du nun einschätzen, welche Kontakte du für welche Anfragen nutzen kannst, schlage ich vor, diese Entscheidung in zwei Variablen ausgedrückt zu betrachten.

Die erste Variable ist die Kontaktqualität. Sie drückt aus, wie gut der Kontakt gepflegt und wie eng das Verhältnis zwischen Unternehmer und dem ausgewählten Kontakt ist. Die zweite Variable bezieht sich auf die »Angemessenheit« der Anfrage. Gut gepflegte Kontakte sind eher gewillt, größere Umstände auf sich zu nehmen und »weiter hergeholten« Anfragen nachzukommen, als weniger gut gepflegte, obwohl diese Anfragen für beide Parteien sinnvoll sein können.

BEISPIEL *Wenn ich einen guten Freund darum bitte, mich über eine weitere Ecke mit einem Filmproduzenten bekannt zu machen, während ich bisher als Immobilienmakler tätig war, kann dies akzeptabel sein. Ein Kontakt, der in einer weniger engen Beziehung mit mir steht, würde jedoch eine solche Anfrage höchstwahrscheinlich ablehnen und als »seltsam und unstimmig« in der wechselseitigen Beziehung abspeichern. Wenn ich als Drehbuchautor diese Anfrage an einen relativ unpersönlichen Kontakt stelle, kann die »Stimmigkeit« der Sache das relativ unpersönliche Verhältnis ausgleichen und zu einer positiven Resonanz führen.*

Die Schnelligkeit, mit der uns ein Kontakt losgelöst von einem akuten Problem einfällt, sagt etwas über seine Qualität aus (Methode 1), wohingegen Kontaktassoziationen geknüpft an eine spezielle Herausforderung etwas über die Angemessenheit der Sache aussagen (Methode 2). Anfragen können auch unangemessen sein, wenn sie nicht die Unternehmer selbst betreffen, sondern eine dritte Person, der die Gründer mit ihrer Anfrage einen Gefallen tun möchten. Hier spielt die Qualität des Kontakts eine große Rolle, wie auch das generelle Ansehen des Unternehmers bei relativ unpersönlichen Kontakten. Je höher beide Faktoren sind, desto eher kannst du auch die Wünsche der Geschäftspartner »unterbringen«.

AUTHENTISCHE VERNETZER ERKENNEN

Bei der Auswahl neuer Kontakte, die zu professionellen Zwecken und an bestimmte Projekte gebunden geknüpft werden, ist es manchmal schwierig, wirklich authentische Verbinder von »Nutznießern« oder schlicht »nutzlosen Kontakten« zu unterscheiden. Diese authentischen Verbinder müssen selbst keine »hohen Tiere« sein - im Gegenteil: Oft haben solche »hohen Tiere« wenig Interesse daran, aktiver Bestandteil eines funktionierenden Netzwerks zu sein. Sie haben aufgrund ihres Status bereits in den reinen »Nutznießer-Modus« geschaltet.

BEISPIEL *Solltest du dich beispielsweise einmal in einer Situation befinden, in der du dich zwischen einem CEO und dessen persönlichem Assistenten entscheiden kannst, solltest du dich stets für den Assistenten entscheiden. Denn Assistenten haben, was das Networking angeht, die wahre Machtposition inne. Sie kontrollieren den täglichen Zeitplan der CEOs, entscheiden, wer mit welchen Anfragen durchdringt, und vor allem: Sie haben höchstwahrscheinlich ein dichtes Netzwerk zu den Assistenten anderer »hoher Tiere«.*

Authentische Vernetzer, an denen du dich orientieren solltest, sitzen - ähnlich den oben genannten Assistenten - häufig in Positionen mit einem hohen Grad an Exposure (exponiert und mit einer Vielzahl an Kontaktmöglichkeiten zu einer großen Masse verschiedener Menschen). Sie weisen eine große soziale Kompetenz auf, die sie professionell wie auch privat nutzen.

Diese Vernetzer gilt es zu identifizieren und in die eigenen Pläne einzuweihen. Oftmals haben diese Menschen großen Spaß daran, entsprechende Verbindungen herzustellen und sich so als Vermittler zu profilieren. Denn sie wissen, wenn sie eine Verbindung kreieren, die für beide Parteien wertvoll ist, haben sie mit nur einer Vorstellung zwei Gefallen getan, die sie später einlösen können. Selbstverständlich geht es gerade beim Schaffen von Allianzen und im Umgang mit Gefährten nicht um das Aufwiegen von Leistung und Gegenleistung. Wer jedoch anderen weiterhilft, kann in Zukunft auf mehr Hilfe hoffen als jene, die sie nur in Anspruch nehmen.

Es lohnt sich also, durch plakative Hierarchieverbindungen hindurchzusehen und die informellen Strukturen dahinter zu erkennen.

DAS NETZWERK AM LEBEN ERHALTEN

Selbstverständlich ist es mit der bloßen Herstellung von Kontakten nicht getan. Unternehmer sollten ihr Netzwerk frisch und lebendig halten, um es effektiv nutzen zu können. Solche Sätze, ob sie in Magazinen oder hier in diesem Buch stehen, suggerieren immer einen unglaublich großen Zeitaufwand und wirken daher eher abschreckend. Dabei ist die Aufgabe, das eigene Netzwerk am Leben zu halten, durchweg unterhaltsam und angenehm und sie kann mit wenig Aufwand erfolgreich betrieben werden.

Dies gilt natürlich für jene, denen es leicht fällt, Kontakte zu pflegen, weil sie gerne telefonieren, Facebook-Nachrichten schreiben oder skypen und daher tatsächlich Spaß an dieser Aufgabe haben. Aber auch jene, die im sozialen Gefüge eher mechanisch agieren, können ihre Netzwerke mit einfachen Ritualen frei von Spinnweben und Staub halten.

BEISPIEL *Eine einfache Liste mit den fünfzig wichtigsten Kontakten kann systematisch täglich um einen Kontakt »abgearbeitet« werden – ob per Telefon, Facebook-Nachricht oder Mittagessen. Periodisch wiederholt, können*

All

BUSINESS

is

PERSONAL.

so die eigenen Kontakte auf dem Laufenden gehalten werden und du kannst dich nach ihrem Leben sowie ihren Zielen erkundigen. Das macht Spaß und zahlt sich aus.

Hierzu dienen soziale, technologiegestützte Netzwerke jedoch nur relativ oberflächlich, und zur Herstellung von Kontakten eignen sich diese eher nicht. Die einzige Ausnahme bilden Nischen-Netzwerke, die speziell zur Herstellung von Kontakten zwischen entsprechenden Zielgruppen existieren. Über eine Plattform, die beispielsweise explizit auf das Finden von Gründungspartnern ausgerichtet ist, kann der Erstkontakt erfolgen – am persönlichen Gespräch zur Vertiefung des Kontaktes kommt niemand vorbei.

Dabei ist das Schöne am Networking, dass sich ein Großteil der Arbeit selbst erledigt und ein Netzwerk darüber hinaus umso wertvoller ist, je intensiver es geteilt wird. Warum also nicht zur Abwechslung Kontakte aus den verschiedensten Lebensbereichen vermischen anstatt immer dieselben Gruppen an Bekannten zum Grillfest einladen? Werden die Eingeladenen schließlich noch ermutigt, weitere Gäste mitzubringen, breitet sich das Netzwerk in ungeahnte Richtungen aus und verdichtet sich – auf schnelle und äußerst angenehme Art und Weise.

NETWORKING AUF VERANSTALTUNGEN

Oft wird geraten, sich auf entsprechenden Veranstaltungen wie Kongressen, die du für dich zu »Networking-Events« erklärst, nicht auf zwei oder drei Tiefengespräche zu limitieren. Der Visitenkartenfang sollte im Vordergrund stehen – so einschlägige Empfehlungen – und dem Kontakt später per E-Mail nachgestellt werden. Ich rate, hier zu differenzieren, denn je nachdem weshalb ein Kontakt »an Land gezogen« wird, ändert sich die zugrunde liegende Strategie:

Geht es dir wirklich nur darum, an die E-Mail-Adressen der Anwesenden zu gelangen, reicht es vollkommen aus, die Anwesenheitsliste mit nach Hause zu nehmen. Diese wird in der

Handmappe ausgeteilt und ist nicht selten mit den E-Mail-Adressen der Anwesenden versehen. Sollte dies einmal nicht der Fall sein, lassen sich so gut wie alle Adressen im Netz nachträglich ausfindig machen. Das ist aber nicht unbedingt zielführend.

Stattdessen solltest du auch hier entsprechend vorbereitet sein und bereits vor Beginn der Veranstaltung versuchen, einzuschätzen, wer für das aktuelle Projekt von Bedeutung sein könnte und wer nicht. So kannst du gezielt auf potenzielle Kontakte zugehen und bist für das Gespräch bereits bestens gewappnet. Eine Schrotflintentaktik sollte stets der letzte Ausweg sein, wenn du zuvor keine gezielten Kontakte ins Auge fassen konntest.

JAMES ROPER: »An Konferenzen sollte man nicht nur aufgrund der Inhalte, sondern vor allem wegen der Kontakte teilnehmen. Ich habe gelernt, um die besten Kontakte herzustellen, sollte ich mich mit den Leuten in Verbindung setzen, die die Konferenz gestalten - nicht mit denen, die daran teilnehmen. Am einfachsten geht das, indem man sich während der Vorträge am hinteren Ende des Raumes positioniert. Das ist der Ort und die Zeit, in der diejenigen, die gerade nicht vortragen, Zeit haben, sich mit dir auszutauschen. Ich habe keine Konferenz besucht, auf der es mir nicht gelang, mit einem der Hauptreferenten zu sprechen.«

Tipps und Tricks

Ich möchte dieses Kapitel gerne mit einigen »Hands-on«-Tipps meines guten Freundes Daniel Ostergaard schließen. Daniel hat lange Jahre als Berater im US Department of Homeland Security gearbeitet und anschließend mit seiner eigenen Firma in Washington D.C. als Lobbyist sozusagen hauptberuflich Networking betrieben.

E r hat einen Ansatz entwickelt, um aus dem eigenen engsten Kreis an Kontakten in externe Kreise vorzudringen, der auf drei simplen Fragen basiert. Diese kannst du deinen engsten Kontakten stellen, um so deren Kontakte zu deinen eigenen zu machen. Hierbei geht es also um die systematische Erschließung weiterer Kreise für das eigene Netzwerk, ohne selbst auf »Kontaktfang« gehen zu müssen.

ÜBUNG Drei Fragen zur Erweiterung des Netzwerkes
▶ Mit wem könnte ich weiterhin diesbezüglich sprechen?
▶ Würdest du mich dem jeweiligen Kontakt vorstellen?
▶ Könnte die Vorstellung über E-Mail stattfinden?

Mit wem könnte ich weiterhin diesbezüglich sprechen? Jeder kennt sein eigenes Netzwerk am besten. Vielleicht hat die angesprochene Person Kontakte, von denen du überhaupt nichts weißt. Auf diese Weise wird »der Vernetzer« in die Suche nach einer Lösung für deine Herausforderung mit eingebunden und kann so selbst entscheiden, welche Person im eigenen Netzwerk am besten weiterhelfen kann.

Würdest du mich dem jeweiligen Kontakt vorstellen? Eine Referenz zu nennen, ist essenziell. Einfach selbst eine E-Mail zu verfassen und sich lediglich auf den gemeinsamen Kontakt zu berufen, hat nicht einmal annähernd den gleichen Effekt wie eine direkte Vorstellung durch die Kontaktperson. Dies verleiht dir, obwohl du dem dritten Kontakt bis dahin gänzlich unbekannt warst, fast das gleiche Maß an Vertrauenswürdigkeit, wie es der Kontakthersteller genießt. Dieser steht dann jedoch mit seiner Glaubwürdigkeit für dich ein. Dies sollte dir stets bewusst sein, und du solltest der Interaktion mit entsprechendem Respekt begegnen.

Könnte die Vorstellung über E-Mail stattfinden? Die Vorstellung über E-Mail hat einen sehr einfachen Grund: Du kannst so feststellen, ob die zugesagte Kontaktherstellung tatsächlich stattgefunden hat, und wirst gleichzeitig mit der gewünschten E-Mail-Adresse versorgt. So kannst du direkt selbst aktiv werden und bei nicht erfolgter Vorstellung deinen eigenen Kontakt an das gegebene Versprechen erinnern.

Diese drei Fragen kannst du bis ins Unendliche wiederholen und dich und dein Anliegen so vom Bäcker bis hin zum Bundespräsidenten weiterreichen lassen. Bei aller Euphorie über die entstehenden Möglichkeiten solltest du jedoch die Zerbrechlichkeit der erschlossenen Kontakte nicht vergessen. Das Anliegen sollte gut formuliert und überzeugend sein. Auf diese Art und Weise hergestellte Kontakte solltest du möglichst bald mit persönlichen Treffen festigen.

FÜNF INSIDER TIPPS

Die oben vorgestellte Fragetaktik findet unpersönlich über das Internet statt. Wenn du dich schließlich aber in das Feld der sozialen Live-Interkation mit potenziellen Kontakten begibst, hält Daniel Ostergaard »Fünf Insider Tipps« bereit, die den erfolgreichen Netzwerker unterstützen sollen.

»The Eyeball«

Wenn du einen Raum betrittst, in dem gerade ein Empfang gegeben wird oder eine vergleichbare Veranstaltung stattfindet, solltest du dir circa 30 Sekunden lang Zeit nehmen und in der Tür verweilen. In dieser Zeit musterst (»to eyeball«) du den Raum und versuchst, deine Ziele auszumachen. Darüber hinaus gibst du anderen Teilnehmern die Chance, auf dich aufmerksam zu werden – »sehen und gesehen werden« lautet die Devise.

Manchmal geht es auch darum: sehen und gesehen werden.

»The Yahoo«

Teamarbeit ist nicht nur innerhalb des Unternehmens essenziell. Auch bei der Bearbeitung eines Networking-Events lohnt es sich, mit einem Partner zusammenzuarbeiten. Ein Beispiel hierfür ist das heimliche Signal für lästige Gesellen (sogenannte Yahoos, also Menschen, die sich unangemessen sowie unprofessionell Verhalten; im Deutschen vielleicht »Hinterwäldler« oder »schräge Vögel«), die einen blockieren und einem das Ohr abquatschen.

Ein unauffälliges Kratzen am Ohr signalisiert dem Partner: »Hol mich hier raus! Dieser Vogel verschwendet meine Zeit und ich komme nicht weg!« Stilsicher und höflich unterbricht der Partner das Gespräch und fragt, ob er dich für einen Moment entführen dürfte – es gäbe etwas Wichtiges zu besprechen. Simpel und effektiv!

»The Munch«

Nicht selten werden bei gesellschaftlichen Anlässen auch Getränke und Speisen gereicht. Hierbei solltest du das Netzwerken auf keinen Fall mit dem Essen (»to munch«) an Stehtischen vermischen. Wer hungrig zu einer solchen Veranstaltung geht, sollte sich möglichst schnell einen Teller auffüllen, sich in eine Ecke verziehen und die Nahrungsaufnahme hinter sich bringen. Wird anschließend mit einem Glas durch den Raum gezogen, sollte dies lediglich in der linken Hand und immer mit einer Serviette umhüllt getragen werden. Ein feuchter Händedruck ist nie angenehm – ob Schweiß oder Bier, das macht keinen Unterschied.

»The Cheat Sheet«

Hast du schließlich eine angestrebte Visitenkarte erhalten, solltest du die Rückseite gleich nach dem Gespräch mit Notizen zum Gespräch versehen. Dieser Spickzettel (»cheat sheet«) hilft dir dabei, dich an das Gespräch und die Person zu erinnern, falls sich diese nach einigen Wochen wieder bei dir melden sollte oder du mit ihr in Kontakt treten möchtest. Einen Bezug zum gemeinsamen Gespräch herzustellen, das schon einige Zeit zurückliegt, wird als aufmerksam und vertrauenserweckend angesehen.

»The No«

Auch wenn du dich noch so sehr anstrengst: Hin und wieder wird dir auf eine Anfrage ein »Nein« erwidert werden. Laut Daniel Ostergaard heißt Nein nur Nein, wenn es ums Dating geht. Ansonsten heißt Nein: Es wurde die falsche Person gefragt, es wurde zur falschen Zeit gefragt, oder es wurde die falsche Frage gestellt. An all diesen Umständen lässt sich drehen, sodass aus einem Nein ein Ja wird. Wichtig ist, dass du es der gefragten Person so schwer wie möglich machst, Nein zu sagen, und dir so nichts ausschlagen lässt.

Eine einfache Möglichkeit, an Visitenkarten zu kommen, ist, selbst eine zu reichen. Es gilt als unhöflich eine Visitenkarte entgegenzunehmen, ohne im Gegenzug selbst eine auszugeben.

Diese fünf Insider Tipps solltest du beherrschen wie deinen Elevator-Pitch. Gepaart mit den zwei der drei »Erfolgselementen« von Dan B. Berger - »be nice and show up« - kann in Sachen Networking eigentlich nichts mehr schiefgehen. Einen letzten Kommentar bezüglich der persönlich-professionellen Welt des Unternehmers möchte ich mir dennoch nicht nehmen lassen.

ES IST IMMER PERSÖNLICH

Wer erinnert sich nicht an den fast schon »geflügelten Satz« von Michael Corleone aus dem Film *Der Pate*: »It's not personal, Sonny. It's strictly business!« Diesen Satz sollte man als Unternehmer sofort vergessen. Auch wenn ich sonst ein großer Fan des Paten bin, so ist mir dieser Satz ein großer Dorn im Auge. Wer die Charaktere im Film sowie ihr Treiben einmal genauer analysiert, stellt schnell fest: Sie leben eigentlich genau das Gegenteil dieses Mafia-Mantras. Es ist immer persönlich. Im Networking wie auch im unternehmerischen Alltag.

Wer auch immer etwas anderes erwartet, erhofft sich vielleicht wie Michael Absolution für inakzeptable Taten im persönlichen Umfeld. Die Trennung von Geschäft und Moral ist Erfindung einer Geschäftswelt, die ihre Taten geschützt unter der »Körperschaft« der Firma sehen will und die Konsequenzen des eigenen Handelns am liebsten nicht tragen möchte. Natürlich sind Massenentlassungen persönlich, genau wie ein durch zu niedrige Produktivität in den Bankrott getriebenes Unternehmen eine sehr persönliche Angelegenheit ist – für alle Beteiligten.

Ich jedenfalls höre besonders genau hin, wenn mir ein Geschäftspartner sagt, er trenne »Geschäftliches und Privates« strikt. Denn fast überall auf der Welt ist es Brauch, »miteinander das Brot zu brechen«, bevor Geschäfte gemacht werden, und besonders Unternehmer, die es sich leisten können, wählerisch bei ihren Geschäftspartnern zu sein, sollten ihre persönliche Intuition niemals beiseiteschieben.

Für das Networking gilt: Wen ich nicht leiden kann, habe ich nicht in meinem Netzwerk. Beziehungen zu pflegen, die nicht von gegenseitigem Interesse geprägt sind, ist reine Zeitverschwendung und kann sich destruktiv auf die persönliche Marke sowie – was viel wichtiger ist – das eigene Wohlbefinden auswirken. Einmal durchdacht, wird klar: Wer würde schon für jemanden Türen öffnen, den er nicht ausstehen kann? Ebenso sollte niemand so naiv sein und glauben, er könne dies von jemandem erwarten, der ähnliche Abneigungen gegen die eigene Person hegt. Von daher: Business ist persönlich – immer.

Du bist Unternehmer!

MÖGE DIE MACHT MIT DIR SEIN!

EINLEITUNG

LANGSAM, ABER SICHER ENDET UNSERE GEMEINSAME REISE, WÄHREND ICH HOFFE, DASS DAS »ABENTEUER UNTERNEHMERTUM« FÜR DICH SO SCHNELL KEIN ENDE FINDET. DAMIT DU AUF DEINEM WEG ENTSPRECHEND GEWAPPNET BIST, MÖCHTE ICH AN DIESER STELLE GERNE ZEHN GANZ PERSÖNLICHE RATSCHLÄGE TEILEN. DIESE HABE ICH IM LAUFE DER ZEIT FÜR MICH FESTGEHALTEN UND IMMER WIEDER MIT WEGGEFÄHRTEN GETEILT. ICH SELBST BIN VON IHRER RICHTIGKEIT SOWIE WICHTIGKEIT ÜBERZEUGT, SIE HABEN MIR BEREITS VIELE MALE GEHOLFEN, AUCH HARTNÄCKIGSTE HERAUSFORDERUNGEN ZU MEISTERN, UND AN SIE WERDE ICH MICH AUF MEINEM ZUKÜNFTIGEN WEG HALTEN.

Ten Golden Rules

Die 10 besten Ratschläge

1 HAB SPASS **2** GLAUB AN DICH **3** GLÜCK IST EINE EINSTELLUNGSSACHE **4** VERSUCHEN IST GUT, MACHEN IST BESSER **5** NUTZE ALLE RESSOURCEN **6** MANCHMAL HILFT NUR: ZÄHNE ZUSAMMENBEISSEN! **7** GIB DEIN WISSEN WEITER **8** THE WINNER SHARES IT ALL **9** VERÄNDERE DAS SPIEL DER KÖNIGE **10** FINDE DEINE ANTWORTEN

1. HAB SPASS!

Wer sich nur über seine Ziele definiert sowie lediglich von Etappe zu Etappe hastet, der läuft Gefahr, schnell unglücklich zu werden – und dem geht womöglich auf halber Strecke die Puste aus. Das Leben ist ein Marathon und kein Sprint – ganz genauso verhält es sich auch mit dem Bestreben als Unternehmer. Wer lange durchhalten will, sollte Spaß an der Sache entwickeln, der er täglich nachgeht, und vor allem daran, wie er es tut. Dies beginnt mit dem Selbstverständnis, Unternehmer zu sein – vom ersten Tag an.

KATJA ANDES: »Die Tatsache, dass meine zwei Hauptprojekte mir viel Spaß machen, lässt mich über so manche lästigen administrativen Aufgaben hinwegsehen. Das führt dazu, dass ich jeden Tag mit dem Gefühl aufwache, starten zu wollen. Das Schon-wieder-Montag-Gefühl kenne ich nicht mehr.«

Zuzulassen, dass harte Arbeit Spaß macht, ist ein entscheidender Erfolgsfaktor. Wir leben in einer Zeit, in der es nicht reicht, lediglich Funktionalität zu erreichen – es muss auch Spaß machen. Also weg mit unsexy Tabellenblättern und her mit dem guten Zeug! Wenn es dem Gründer Freude macht, so soll er sich jeden Morgen im Homeoffice in Anzug und Krawatte vor den Rechner setzen. Wichtig ist nur, dass du deine Arbeit auf eine unterhaltsame Art und Weise erledigst und, wenn es sein müsste, genau so die nächsten 100 Jahre weitermachen könntest.

2. GLAUB AN DICH

Jeder hat Zweifel. Vor allem jene, die ihre Ideen mit tiefster Überzeugung vertreten. Viele Gründer jedoch glauben selbst dann nicht an ihre Idee, wenn sie erste Aufträge entgegennehmen. Wenn sogar Kunden an die eigene Idee glauben und dir auch noch Geld in die Tasche stecken, solltest du dich selbst langsam von der eigenen Idee überzeugen lassen.

Auf der anderen Seite ist es jedoch vollkommen egal, ob du als Unternehmer an dich glaubst oder permanent zweifelst, solange du sicher auftrittst und die Arbeit nach bestem Gewissen erledigst. Viel zu oft verschwenden wir Zeit und Energie, um über uns selbst nachzugrübeln oder darüber nachzudenken, warum wir über uns grübeln. Der Vater des amerikanischen Präsidenten John F. Kennedy hat die Quintessenz dieses Dilemmas in praktische Worte gefasst: »Es ist vollkommen egal, wer du bist. Wichtig ist, was die Menschen glauben, wer du bist.«

Dabei geht es nicht darum, sich nach anderen zu richten, es ihnen so gut es geht recht zu machen, oder gar die eigenen Entscheidungen basierend auf den Meinungen anderer zu treffen. Es ist schlichtweg wörtlich zu nehmen: Egal ob du Zweifel hast oder nicht, egal ob du ein verunsicherter, introvertierter Angsthase bist: Solange du jedes Mal wieder vor das Mikrofon trittst und dich und deine Firma als das Nonplusultra präsentierst, ist es vollkommen egal, wer du bist. Unternehmer sollten sich darauf konzentrieren, ihre Marke auszubauen sowie ihre Arbeit zu erledigen, und aufhören, über sich und ihr potenzielles Versagen nachzudenken. Wenn sie eines Tages scheitern, werden sie es schon merken und haben genug Zeit, im Nachhinein darüber nachzudenken.

3. GLÜCK IST EINE EINSTELLUNGSSACHE

Dies ist natürlich leichter gesagt als getan. Dennoch liegt es meiner Lebensphilosophie nach in den eigenen Händen, »Glück zu haben«. Zwei fundamental unterschiedliche Ansichten spalten die Meinungen zu »dem Leben, dem Universum und dem ganzen Rest«: Ist alles, was wir erleben, durch etwas oder jemanden vorherbestimmt? Oder ist jeder einzelne Herr seines Schicksals? Ich selbst glaube, dass beides stimmt. Als Unternehmer wird dir eine Chance nach der anderen geschenkt und es ist nur an dir, dein Glück zu erkennen und diese Chancen zu nutzen. Deswegen ist mein Ratschlag: Jeder Gründer sollte sich entscheiden, stets Glück zu haben.

4. VERSUCHEN IST GUT, MACHEN IST BESSER

»Do or do not. There is no try!« so Meister Yoda in *Star Wars*. Dies ist die Herangehensweise, die auch Unternehmer bei ihrem Streben nach Freiheit und Selbstverwirklichung übernehmen sollten. So simpel es sich anhört, so wenige Entrepreneure halten sich daran. Niemand, der seine Ideen verwirklichen will, sollte »entscheiden«, wann er gescheitert ist. Scheitern ist keine Entscheidung - es passiert und es bleibt keine andere Wahl, als das Scheitern zu akzeptieren und daraus zu lernen. Auf halbem Weg aber aufzugeben, weil die Chancen zu schlecht stehen oder die Herausforderungen zu groß erscheinen, das ist ein Versuch. Versuchen bedeutet also, sich das Aufgeben als Option offenzuhalten. Das würde Yoda niemals akzeptieren.

5. NUTZE ALLE RESSOURCEN

Menschen haben Spaß daran, ein Teil von etwas zu sein. Das sollten Gründer für sich nutzen. Freiwillig oder durch Anreize getrieben können Unternehmer Zugang zu Ressourcen erlangen, für die sie sonst große Summen bezahlen müssten. Ein Marketingplan-Wettbewerb an einer lokalen Hochschule beispielsweise gibt der Einrichtung sowie ihren Studierenden Stoff, um sich weiter zu qualifizieren, und dir als Unternehmer einen enormen Pool an neuen Ideen. Diese Einstellung lässt sich auf nahezu alle Gebiete des Unternehmerdaseins übertragen.

6. MANCHMAL HILFT NUR: ZÄHNE ZUSAMMENBEISSEN!

Der Kunde ist König, und Mitarbeiter sind überlebenswichtig. Daher gilt es, anderen immer zuvorkommend und respektvoll entgegenzutreten - vor allem als Unternehmer. Für dich selbst gilt das allerdings nicht. Du solltest dich schnell daran gewöhnen, deine Grenzen der Leistungsfähigkeit nicht nur auszutesten, sondern sie regelmäßig zu überschreiten. Nur so können sich Gründer und Erfolgssuchende sicher sein, wo sie verlaufen. Denn in unserem »Touchy-Feely-Zeitalter« haben wir, was uns selbst angeht, viel zu oft Samthandschuhe an. Doch im gemütlichen Nine-to-five-Sessel lassen sich keine Märkte revolutionieren und keine Konsumentenerfahrungen erschaffen, die zu wahren Ereignissen im Leben der Kunden werden. Kurz gesagt: Zähne zusammenbeißen, denn von nix kommt nix!

7. GIB DEIN WISSEN WEITER

Wissen ist etwas, das besser wird, je mehr und je öfter es geteilt wird. Der Gründer sollte daher Dinge, die er auf seinem Weg gelernt hat, niemals für sich behalten, sondern sie teilen, wann immer er kann. Vorträge zu halten, Workshops zu geben oder einfach selbst ein Mentor für andere Entrepreneure zu werden, sind Möglichkeiten, das Erlernte und die eigenen Erfahrungen weiterzutragen. Dadurch wird auch der Gründer selbst besser, versteht seine Herangehensweisen und erhöht sein Exposure.

Ich selbst habe von einer unternehmerischen Kultur gelernt, die dies als essenzielle Überzeugung vertritt. Bereits nach einem Jahr bei Enactus konnten wir selbst neue Projekte leiten oder starten. So wird das Wissen immer weiter gegeben. Du musst keine Qualifikationsscheine sammeln und auch kein lebenslanger Experte sein, um für andere Entrepreneure nützlich zu sein, die sich neu in das Abenteuer stürzen. Die Anzahl der Leute, die hierdurch befähigt werden, ist beeindruckend und hilft dem Ziel »mehr Unternehmertum« näherzukommen. Immer Schüler zu bleiben, ist daher für Gründer ebenso wichtig, wie so schnell es geht Lehrer zu werden.

8. THE WINNER SHARES IT ALL

Die Win-win-Situation ist den meisten sicherlich bekannt. Aber warum hier aufhören? Es steht jedem frei, über das Zufriedenstellen beider Geschäftsparteien hinaus auch noch positive externe Effekte ◆ für weitere Mitglieder der Gesellschaft oder gar für die gesamte Gesellschaft zu schaffen.

Wenn jemand also einen WLAN-produzierenden Baum entwickeln und pflanzen würde, wäre der zusätzliche Klimafaktor eine positive Externalität.

Diese »Win-win-win«-Effekte solltest du gezielt ansteuern und es so einer größeren Anzahl von Menschen ermöglichen, sich mit deiner Idee und der Sache, für die du stehst, zu identifizieren. Denn »Triple-Win« bedeutet nicht, selbst etwas vom Kuchen abzugeben, damit auch jemand anderes zu essen hat; es bedeutet, den Kuchen so groß werden zu lassen, dass alle am Ende mehr haben. Somit trägst du dazu bei, aus einem Nullsummenspiel eine positive Bilanz werden zu lassen.

Denke über den Tellerrand hinaus – auch beim Kuchenteilen.

9. VERÄNDERE DAS SPIEL DER KÖNIGE

Wie ich bereits zu Beginn gesagt habe, bedeutet wahres Unternehmertum nicht, den Job zu kündigen, alles hinzuschmeißen und der nächste Steve Jobs zu werden. Unternehmer zu sein bedeutet, ein größeres Ownership für seine eigenen Taten, das eigene Vorankommen und die Konsequenzen zu übernehmen, als dies die meisten Menschen tun. Denn viele haben ein äußerst unmündiges Verhältnis zu dem, was sie versuchen zu erreichen, und den daraus folgenden Taten. Aktion und Reaktion bilden die beiden Enden ihres Handlungsspektrums.

Wahre Unternehmer aber sind viel stärker in das eigene Vorankommen involviert. Konsequenzen lassen sich bereits antizipieren, Reaktionen – ja sogar Aktionen – Dritter steuern und am eigenen Interesse ausrichten. Die Folge: ein erhöhtes Ownership.

BEISPIEL *Ich kann einerseits eine Präsentation halten und auf anschließende Fragen warten. Diese überraschen mich mehr oder weniger und je nach*

Tagesform gehe ich mit ihnen geschickter oder ungeschickter um. Ich kann andererseits aber auch eine Präsentation halten, die wichtigen Fragen mit an Sicherheit grenzender Wahrscheinlichkeit vorhersagen und sie als zusätzliche Präsentationszeit für meine Zwecke nutzen.

Oder: Ich habe ein Projekt vollendet und halte eine Pressekonferenz. Hier kann ich mich den Fragen der Journalisten ausliefern oder aber diese – bereits antizipiert – nutzen, um eine von mir gewünschte Botschaft an eine breite Öffentlichkeit zu tragen.

Unternehmer kontrollieren das Steuer und geben es nicht aus der Hand, egal wie viele Matrosen sie auch benötigen, um das Schiff auf Kurs zu halten.

Was hat das mit Schach zu tun? Unternehmergeist im obigen Sinne zu entwickeln, verläuft fast genauso wie der Weg zum Schachprofi: Ein Anfänger wird immer erst auf die Züge des Gegners reagieren. Diese Verteidigungstaktik wird ihn nach und nach Figuren kosten, bis er schon bald als einsamer König schachmatt gesetzt wird. Und bald versteht er den fundamentalen Unterschied zwischen »nicht verlieren« und »gewinnen wollen«. Entwickelt sich der Spieler weiter, wird er erste Angriffe starten. Zuerst nur Runde um Runde, später dann ausgeklügeltere und im Voraus geplante sowie über mehrere Runden angelegte Züge. Diese Strategien werden ausgefeilter, mehrschichtiger und flexibler, je besser der Spieler wird.

Der wahre Profi jedoch geht einen Schritt weiter über die Grenzen des Bretts hinaus. Er spielt nicht länger gegen geschnitzte Figuren, Zug um Zug durch Felder auf einem hölzernen Schachbrett. Sein Gegner ist der Mensch, der ihm gegenüber sitzt, mit all seinen Stärken, Schwächen und Routinen. So definiert er die Regeln des Spieles neu, das Feld wird erweitert und die Möglichkeiten sind plötzlich unzählig. Genau das ist es, was für mich wahrer Unternehmergeist bedeutet: ein Schachprofi zu werden, in einem viel größeren Spiel.

Wenn du als Unternehmer also gelernt hast, das Spiel zu durchschauen, hältst du einen Trumpf in der Hand, der deine Konkurrenz ins Chaos zu stürzen vermag. Manchmal ist ein vermeintlich irrationaler Zug der entscheidende Schlag, und was von außen wie Chaos erscheint, ist lediglich die strategische

Wendung hin zum eigenen Competitive Advantage und ein echter Game Changer.

10. FINDE DEINE ANTWORTEN

Der entscheidende Ratschlag, den ich jedem Gründer mit auf den Weg geben kann, ist tief in meiner Überzeugung zur Dynamik zwischen Botschaft, Überbringer und Empfänger verwurzelt. Die Botschaft ist nicht entscheidend, und auch ihr Überbringer hat keine Auswirkung auf das Resultat. Entscheidend ist, was der Empfänger mit einer überbrachten Botschaft macht. Wird er sie für sein eigenes Vorankommen hilfreich interpretieren und dem Überbringer Glauben schenken oder nicht? Dabei ist es ganz gleich, ob die Botschaft fehlgerichtet und ihr Überbringer vielleicht sogar fehlgeleitet war. Alles, was zählt, ist, ob der Empfänger sie für sich und seine Sache nutzt. Denn dann wird auch aus einer komplett falsch interpretierten Botschaft eine wertvolle Realität. Ich sage nicht, Worte können nichts bewegen. Ich sage: Erst wenn sie etwas bewegen, sind sie wertvoll und entscheidend.

Für dieses Buch bedeutet das, dass ich hier lediglich Denkanstöße und Werkzeuge bieten kann. Die Umsetzung dessen, was ich hier beschreibe hat jedoch nichts mit der Qualität oder Überzeugungskraft meiner Ratschläge zu tun. Was zählt, ist, wie du dich entscheidest: Gibst du auf oder machst du weiter? Du selbst entscheidest, ob die Botschaften, die ich hier geteilt habe, wertvoll für deinen eigenen Weg sind.

Ich habe hier geteilt, was ich für richtig halte und was mich auf meinem Weg als Unternehmer weitergebracht hat. Nur weil *Der Pate* für mich der ultimative Start-up-Ratgeber ist, muss das nicht für jeden gelten. Die Antworten, die wir für unseren Weg suchen, sind nicht »da draußen« und niemand hält sie für uns bereit. Es liegt an uns selbst, sie aus dem Nichts zu erschaffen, wie Unternehmer aus dem Nichts Zukunft geschaffen haben und dies wieder und wieder tun.

Daher frage ich: »Bist du ein Unternehmer? Hast du den Mut dazu, dein Leben - egal ob angestellt oder selbstständig - nachhaltig zu verändern? Ist das der richtige, der einzige Weg für dich?« Stellvertretend für Deutschland kann ich antworten: »Ja. Wir brauchen Gründer.« Aber ob du ins »Abenteuer Unternehmertum« aufbrechen wirst, ob diese Reise für dich bestimmt ist, kannst nur du selbst sagen. Nur du kannst diese Antworten geben!

OH, CAPTAIN! MY CAPTAIN!

Auch unsere Metapher vom Unternehmer, der sich als Kapitän eines Schiffes auf das »Abenteuer Unternehmertum« begeben hat, findet hier ein Ende. Du bist nun mit allem ausgestattet, was du für diese Reise benötigst. Es liegt an dir, von Bord zu gehen oder immer wieder rastlos in See zu stechen. Wofür du dich auch entscheidest: Mögen dir die Gezeiten wohlgesonnen und die Macht mit dir sein!

Danksagung

Wie es sich für jeden anständigen Unternehmer gehört, möchte ich mich an dieser Stelle noch kurz bei den Menschen bedanken, ohne die dieses Buch so nicht möglich gewesen wäre:

Beginnen möchte ich mit Christoph Fellinger, durch dessen Anstoß ich meine Tätigkeit als Blogger zum Thema »Generation Y« überhaupt erst aufgenommen habe. Ohne dich wäre diese Kooperation nicht zustande gekommen – ich bin dir was schuldig!

Mein Dank gilt auch Gianna Slomka vom Campus Verlag, die mir die Chance zu diesem Buch gegeben und damit viel Vertrauen und Risikobereitschaft bewiesen hat – eine echte Unternehmerin! Auf viele weitere spannende Kooperationen!

Vielen Dank auch an Josua Bayerlein, Carlos Mohr, Till Steinmaier und Achim Stumpf, die mir mit ihrem wertvollen und schonungslosen Feedback zur Seite standen. Auch den Gründern, Katja Andes, Lili Radu, Howard Glenn, Till Steinmaier und James Roper, vielen Dank für eure Geschichten und Erfahrungen! Die Welt braucht euch!

Und nicht zuletzt möchte ich natürlich auch meinen drei »F-Lauten« danken: Meiner Familie, meinen Freunden und den ganzen Verrückten, die mir immer zur Seite stehen. Ihr seid die Besten – Danke!

Natürlich danke ich auch dir, dem Leser. Dafür, dass du mein Buch gekauft hast und es bis zum Ende gelesen hast. Und wenn es dir gefallen hat, dann tu uns doch allen einen Gefallen: Werde Unternehmer, leg los, und mach es richtig!

Anmerkungen

1 MEHR ÜBER JAY SORENSEN: HTTP://BLOGS.SMITHSONIANMAG.COM/
DESIGN/2013/08/HOW-THE-COFFEE-CUP-SLEEVE-WAS-INVENTED/

2 HTTP://DIGITALKNOWLEDGE.BABSON.EDU/CGI/VIEWCON
TENT.CGI?ARTICLE=1334&CONTEXT=FER

3 HTTP://WWW.DOINGBUSINESS.ORG/RANKINGS

4 SIMON, HERMANN UND VON DER GATHEN, ANDREAS: DAS GROSSE
HANDBUCH DER STRATEGIEINSTRUMENTE. FRANKFURT/NEW YORK 2010.
S. 320 FF.

5 HTTP://WWW.ECONOMIST.COM/NODE/13766375

6 MCCARTHY, JEROME: BASIC MARKETING: A MANAGERIAL APPROACH, 1960

7 WOLAK, R, KALAFATIS, S AND HARRIS, P (1998): »AN
INVESTIGATION INTO FOUR CHARACTERISTICS OF SERVICES«,
JOURNAL OF EMPIRICAL GENERALISATIONS IN MARKETING SCIENCE,
VOL 3, NO.2

8 HTTP://DL.ACM.ORG/CITATION.CFM?DOID=1835449.1835513

9 HTTP://WWW.FORBES.COM/SITES/MARKETSHARE/2013/01/03/NEARLY-
ONE-THIRD-OF-ONLINE-CONSUMERS-TRUST-A-STRANGER-OVER-A-BRAND/

Der Autor und die Experten

DER AUTOR

THORSTEN REITER, *1989. studierte BWL in Deutschland, den USA und Großbritannien. Er war lange Zeit als Social Entrepreneur in der Organisation Enactus tätig. Mit seiner Unternehmensberatung Mannheim Business Consulting berät er heute Unternehmen unter anderem im Umgang mit Bewerbern und Arbeitnehmern der Generation Y. Außerdem ist Thorsten Reiter als Speaker, Texter und Blogger tätig.

DIE EXPERTEN

KATJA ANDES, *1985. Katja startete mit einem dualen Studium bei Siemens und arbeitete dort anschließend für fünf Jahre als Beraterin. Nach zwei Jahren im Beruf begann sie parallel ihren BWL-Master an der Uni Mannheim. Dort entschied sie, dass sie lieber Unternehmerin anstatt Arbeitnehmerin sein möchte, und kündigte ihren Job. Aus einem privaten Workshop entstand 2011 Idea Camp, das seitdem Gründern dabei hilft, ihre Idee schnell und günstig zu testen. 2013 gründete sie Sunny Office, eine neue Form von Coworking und Unternehmer-WG an sonnigen Orten im Süden.

HOWARD GLENN, *1983. Howard unterstützte auf freiwilliger Basis Mikrofinanzinstitute in ländlichen Gebieten von Costa Rica und half, diese auszubauen. Schließlich gründete er während seines IMBAs an der University of South Carolina zusammen mit Kommilitonen Watsi – eine Plattform, mit der selbst kleinste Beträge wie 5 US-Dollar zur medizinischen Behandlung Bedürftiger in der ganzen Welt gespendet werden können. Heute arbeitet Howard als Berater für Private-Equity Firmen, um Teams für neue Start-ups in der Wachstumsphase zusammenzustellen.

LILI RADU, *1981. Nach einigen Jahren im Marketing orientierte sich Lili mit einem MBA in Fashionmanagement um und gründete ihr eigenes Modelabel. Dann klopfte Apple an, und Lili durfte als erste Deutsche eine exklusive Kollektion für den Technik-Giganten entwerfen. Nach dem Durchbruch designt und vertreibt die Unternehmerin heute erfolgreich in Eigenregie ihre eleganten Leder-Accessoires.

JAMES ROPER, *1989. Mit 19 Jahren gründete James sein erstes House Painting Business. Über die nächsten drei Jahre bot er Beratung und Coachings für Studenten an, die ihr eigenes Start-up gründen und betreiben wollten. Heute ist er als professioneller Speaker im Südosten der USA aktiv und veröffentlichte sein erstes Buch 2013, *The Productive Person*, um das er ein erfolgreiches Geschäftsmodell aufbauen konnte.

TILL STEINMAIER, *1984. Till spezialisierte sich in seinem BWL-Studium an der Universität Mannheim auf Marketing, Organisation und Psychologie. Nach Praktika mit Fokus auf Marketing in Industrie und Beratung fand er seinen Jobeinstieg bei der Firma Beiersdorf AG als Marketing & Sales Trainee. Nach zweieinhalb Jahren kündigte er, um zusammen mit einem Kindergartenfreund die Deutsche Technikberatung zu gründen.

ISBN 978-3-593-50027-0

UMSCHLAGGESTALTUNG: TOTAL ITALIC, THIERRY WIJNBERG, AMSTERDAM/BERLIN
GESTALTUNG UND LAYOUT: INSTITUT FÜR BUCHGESTALTUNG, BIELEFELD;
PROF. DIRK FÜTTERER, MARCEL HILLEBRAND, JOANA NITSCHKE, MONA TIEMANN
SATZ: PUBLIKATIONS ATELIER, DREIEICH
GESETZT AUS VITESSE, GRETA UND LETTER GOTHIC
DRUCK UND BINDUNG: BELTZ BAD LANGENSALZA
PRINTED IN GERMANY

DIESES BUCH IST AUCH ALS E-BOOK ERSCHIENEN.
WWW.CAMPUS.DE